Waldwirtschaft heute

Gewidmet
Forstdirektor
Dipl.-Ing. Willibald Zdimal

von
Dipl.-Ing. Harald Gilge
Ing. Herbert Grulich
Dipl. Ing. Günther Pfeiffer
Dipl.-Ing. Johann Sandler
Ing. Johann Spreitzhofer

av BUCH

Die Autoren:

Dipl.-Ing. Harald Gilge, Landwirtschaftliche Fachschule Hohenlehen, NÖ

Ing. Herbert Grulich, Landwirtschaftliche Fachschule Edelhof, NÖ

Dipl.-Ing. Günther Pfeiffer, Sozialversicherungsanstalt der Bauern

Dipl.-Ing. Johann Sandler, Bezirksbauernkammer Krems, NÖ

Ing. Johann Spreitzhofer, Landwirtschaftliche Fachschule Pyhra, NÖ

Titelfoto: Reg.-Rat i. R. O. Baschny
Fotos im Innenteil – falls nicht anders angegeben – von Harald Gilge, Herbert Grulich, Günther Pfeiffer, Johann Sandler und Karl Schuster
S. 4: „Laubholzlager" Wertholzsubmission in Heiligenkreuz; S. 73: „Rotfäule" Gerhard Elsner, Wikimedia Commons; „Bläuepilz" Cholo Aleman, Wikimedia Commons
S. 130–131: Kooperationsplattform Forst Holz Papier (FHP), ÖHU Schulungsunterlage Teil C vom 13.06.2006; S. 138–140: Kooperationsplattform Forst Holz Papier (FHP); S. 142: lebensministerium.at, S. 151: Haneder H. Broschüre Energie aus Holz, NÖ Landwirtschaftskammer

Forstliche Standortanzeiger: Dipl.-Ing. Karl Zenz
Laubholzpflege: DI Christoph Jasser
Grafiken: Gernot Lauboeck (†) (Seite 50)

12. Auflage 2016
Sturzgasse 1a, 1141 Wien
www.avbuch.at

Die Deutsche Bibliothek – CIP-Einheitsaufnahme
Die Deutsche Bibliothek verzeichnet diese Publikationen in der Deutschen Nationalbibliografie; detaillierte bibliografische Daten sind im Internet über http://dnb.ddb.de abrufbar.

Lektorat: Ing. Barbara P. Meister, MA; fachlektor.at
Satz: Hantsch & Jesch PrePress Services OG, Wien

Druck: Westermann Druck, Zwickau
Printed in Germany

ISBN: 978-3-7040-2165-6

VORWORT

Früher hatte der Bauernwald lediglich die Aufgabe, den Hof mit dem notwendigen Brenn-, Bau- und Zaunholz zu versorgen sowie auch den Bedarf an Waldweide und Waldstreu zu decken. Der Bauer der Vergangenheit war nur „Landwirt" und lebte von seiner landwirtschaftlichen Produktion.

Heute ist die Landwirtschaft in vielen Fällen nicht mehr imstande, den Betrieb allein zu tragen und die gestiegenen Bedürfnisse des Hofes, des Haushalts und der bäuerlichen Familie zu decken. Der Wald des bäuerlichen Betriebes muss nunmehr in verstärktem Maße zur Finanzierung des Hofes beitragen.

Trotzdem sollte eine Nutzung (Bewirtschaftung) nicht nur dann erfolgen, wenn Geld für die Landwirtschaft gebraucht wird, sondern vor allem dann, wenn es der Waldzustand erfordert oder der Holzpreis gut ist.

Im Folgenden wird gezeigt, welche Bedeutung der Wald für uns alle hat und wie der Klein- und Kleinstwald nachhaltig bewirtschaftet werden soll, damit seine Ertragsfähigkeit am besten ausgeschöpft wird.

Die Verfasser

Gedankt sei an dieser Stelle Herrn Univ.-Prof. Dr. Edwin Donaubauer,
Frau Dr. Ruth Linhart, Frau Siegried Pikal und Herrn Christian Künzi
für die freundliche Unterstützung bei der Beschaffung des Bildmaterials.

Richtige Holzvermarktung erhöht den Wert des Waldes

INHALTSVERZEICHNIS

Der Wald in Österreich

Besonders in einem Gebirgsland hat der Wald nicht nur eine wirtschaftliche Bedeutung für seine Eigentümer, sondern er hat auch ganz wesentliche überwirtschaftliche Aufgaben für die Allgemeinheit zu erfüllen. Erst in jüngster Zeit wird man sich zunehmend der überragenden Bedeutung bewusst, die dem Wald im „Ökosystem Welt" zukommt.

Waldfläche

Von der Gesamtfläche Österreichs (83 850 km^2) sind circa 47,6 % bewaldet. Auf jeden Österreicher entfällt eine Waldfläche von circa 0,5 ha.

Bewaldung nach Bundesländern

Waldflächen und Holzvorrat der Bundesländer

	Gesamtwald in 1 000 ha[1)]	Bewaldungs-prozente	Ertragswald in 1 000 ha Vfm[2)]	Vorrat in 1 000 ha Vfm[2)]	Vorrat pro ha in Vfm[2)]
Burgenland	134	34	131	33 468	256
Kärnten	584	61	505	177 895	352
Niederösterreich	767	40	733	220 451	301
Oberösterreich	498	42	444	162 782	366
Salzburg	376	53	276	95 406	346
Steiermark	1 006	61	862	303 252	352
Tirol	521	41	347	113 681	328
Vorarlberg	97	38	62	25 397	411
Wien	9	22	9	3 053	343
Österreich	**3 991**	**48**	**3 367**	**1 134 778**	**337**

Die Österreichische Waldinventur erfasst in Stichprobenform systematisch das gesamte Bundesgebiet. Die festgestellte Waldfläche bildet daher den Waldflächen-Referenzwert. Die Ergebnisse beruhen derzeit auf der Erhebungsperiode 2000/02 aktuell laufen Erhebungen für die Periode 2007/09.

[1)] inkl. Schutzwald außer Ertrag und Holzbodenfläche außer Ertrag

[2)] im Ertragswald, Vfm = Vorratsfestmeter

Quelle: Bundesforschungs- und Ausbildungszentrum für Wald, Naturgefahren und Landschaft/Österreichische Waldinventur 2007/09 2011

Waldfläche in Österreich

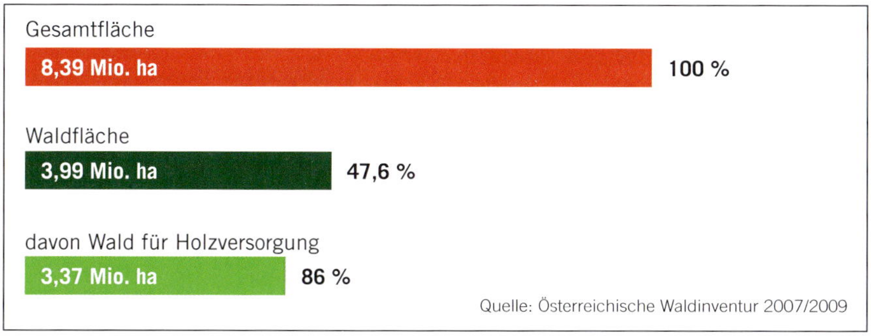

54 % des österreichischen Waldes sind Kleinwald (überwiegend in bäuerlichem Besitz), 15 % bewirtschaften die Bundesforste.

Holzvorrat und -zuwachs

Nur 2/3 des Holzzuwachses werden jährlich genutzt. Der durchschnittliche Holzvorrat in Österreichs Wäldern beträgt pro Hektar Wirtschaftswald (Hochwald) 325 Vorratsfestmeter (Vfm). Der jährliche Holzzuwachs liegt über 30 Millionen Vfm; etwa 19 Millionen Vfm werden jedes Jahr genutzt.

Betriebsarten und Eigentumsverhältnisse

Die stark wechselnden Standortverhältnisse (bedingt durch den Einfluss von Meereshöhe, Geländeneigung, Niederschlagsmenge usw.) führen zu sehr unterschiedlichen Wuchs- und Ertragsverhältnissen.

Wir unterscheiden

Wirtschaftswald:	Hochwald
	Mittelwald
	Niederwald
Schutzwald:	in Ertrag
	außer Ertrag

Im Wirtschaftswald steht die nachhaltige Holzproduktion durch gesunde und standfeste Wälder im Vordergrund. Schutzwälder sind jene Wälder, deren Standorte durch die abtragenden Kräfte von Wind, Wasser und Schwerkraft gefährdet sind. Sie benötigen daher eine besonders sorgfältige Behandlung zum Schutz des Bodens und des Bewuchses sowie zur Sicherung der Wiederbewaldung.

Baumarten

In den Gebirgsregionen ist der Nadelwald zu Hause, im trockenen Osten der Laubwald, im Übergangsbereich von Alpenvorland zu den Kalkalpen der Laub-Nadel-Mischwald.

Baumartenverteilung in Flächenprozenten

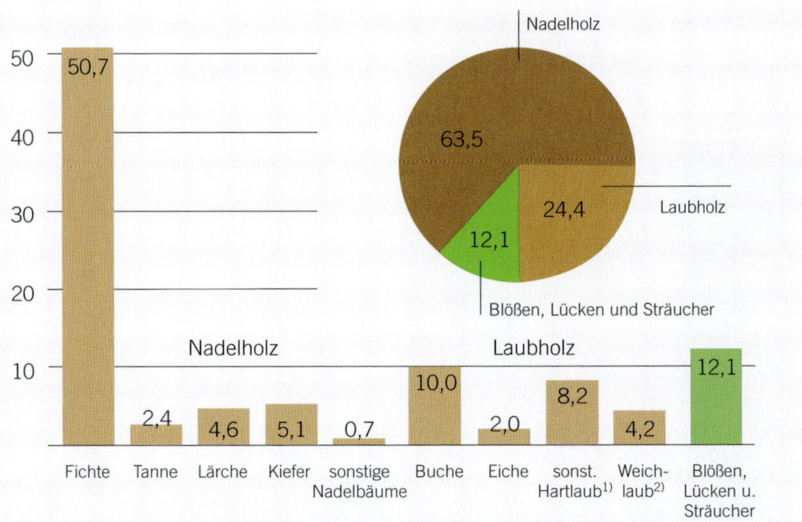

[1)] Hainbuche, Esche, Ahorn, Ulme, Edelkastanie, Robinie, u.a.

[2)] Birke, Schwarzerle, Weißerle, Linde, Aspe, Weiß-, Silber-, Schwarz- und Hybridpappel, Baumweide u.a.

Quelle: Bundesforschungs- und Ausbildungszentrum für Wald, Naturgefahren und Landschaft 2011/ Österreichische Waldinventur 2007/09

Unser Wald im Vergleich

Österreich gehört zu den waldreichsten Ländern Europas.

Waldflächen und Holzvorrat 2005

	Landesfläche 1 000 ha[1)]	Bewaldung in 1 000 ha	%	Holzvorrat Vfm/ha
Finnland	30 447	23 311	77	102
Schweden	41 034	30 930	75	128
Slowenien	2 014	1 308	65	283
Estland	4 343	2 358	54	199
Lettland	6 229	3 150	51	186
Griechenland	13 071	6 532	50	47
Österreich	8 248	3 980	48	337
EU-27	430 296	177 016	41	131
Slowakei	4 903	1 932	39	260
Italien	29 511	11 026	37	145
Tschechische Republik	7 726	2 648	34	280
Deutschland	35 709	11 076	31	306
Polen	31 269	9 200	29	205
Frankreich	63 283	17 262	27	156

[1)] Quelle: Eurostat, 08.07.2010, Lebensministerium

Quelle: MCPFE SoEF 2007, FAO FRA 2005

Vorrat/Zuwachs je Hektar und Jahr (Vfm)

Holzvorrat und Holzzuwachs

	Holzvorrat in Vfm je ha	Holzzuwachs in Vfm je Hektar und Jahr
Österreich	310	8,7
EU	130	4,5
Skandinavien	90	3
Osteuropa	160	4
ehem. UdSSR	125	1,5

Beschäftigte 2010 – Wertschöpfungskette Holz

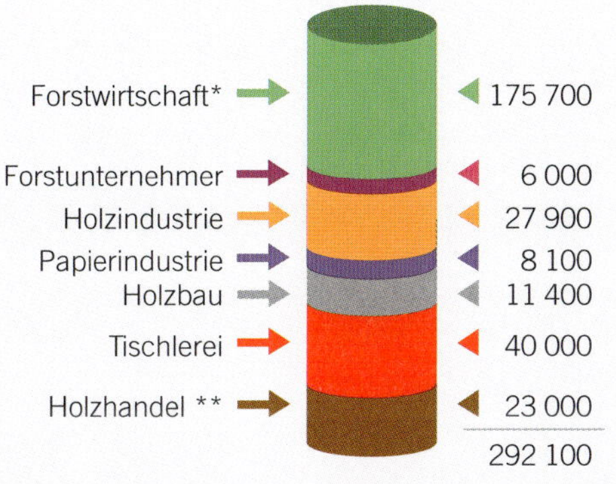

*) Personen, die ganz oder teilweise ihr Einkommen aus der Waldbewirtschaftung erzielen. (Waldeigentümer, Angestellte und Arbeiter in Forstbetrieben)

**) 2010, selbstständige und unselbstständige

Quelle: Information der FHP Kooperationsplattform Forst Holz Papier

Importe	**5,26 Mrd. €**	**Exporte**	**8,68 Mrd. €**
Papier, Papierwaren, Pappe, Viskose	1,87	Papier, Papierwaren, Pappe, Viskose	4,32
Möbel aus Holz	1,01	Möbel aus Holz	0,50
Zellstoff, Holzstoff	0,39	Zellstoff, Holzstoff	0,25
Span- und Faserplatten	0,19	Span- und Faserplatten	0,82
Holz, Holzwaren inkl. Schnittwaren	1,80	Holz, Holzwaren inkl. Schnittwaren	2,79

Quelle: FHP Kooperationsplattform Forst Holz Papier

Außenhandel – HOLZ: Starker Exportfaktor, Überschuss 2010: 3,42 Mrd. Euro

Österreichische Holzexporte in Prozent

Italien	61	Tschechien	2
Deutschland	9	Schweiz	1
USA	8	Sonstige	14
Japan	5		

Quelle: FHP Kooperationsplattform Forst Holz Papier

Österreichische Handelsbilanz

Österreich ist weltweit der fünftgrößte Exporteur von Nadelschnittholz!

Rund 292 000 Menschen (ohne Beschäftigte im Holz- und Baustoffhandel) leben in Österreich von Wald und Holz. Im theoretischen Pro-Kopf-Jahresverbrauch von Holz liegt Österreich international ganz weit vorn. Und mit rund 3,42 Mrd. Euro Überschuss im Export (Holz und Holzprodukte, Papier, Platten) ist Holz zweitgrößter Devisenbringer knapp hinter dem Tourismus.

Der Produktionswert der Holzindustrie liegt bei rund 6,87 Mrd. Euro. Österreichs Holzindustrie ist stark außenhandelsorientiert. Die Exportquote entwickelt sich stetig in Richtung 70 %. Mit 74,7 % ist die EU der wichtigste Holzabnehmer. Hauptabsatzmärkte sind Italien und Deutschland. Stark im Kommen sind auch die Märkte in Osteuropa, Asien (China, Japan) und den USA.

Pro-Kopf-Verbrauch von Holz in Kubikmetern pro Jahr

(bezogen auf Nadelschnittholz)

Finnland	0,99	Tschechien	0,23
Schweden	0,68	Deutschland	0,21
Kanada	0,63	Schweiz	0,20
Österreich	0,61	Frankreich	0,16
USA	0,36	Italien	0,12
Japan	0,23	EU-15-Schnitt	0,18

Aufgaben:

- Wie viel Prozent Österreichs bzw. Ihres Bundeslandes sind bewaldet?
- Wie hoch ist der jährliche Holzeinschlag, wie viel wächst zu?
- Nennen Sie die vier häufigsten Baumarten im österreichischen Wald!
- Wie viel Prozent der Waldfläche Österreichs sind in bäuerlichem Besitz?
- An wievielter Stelle liegt Österreich beim Nadelschnittholzexport?

Die Wirkungen des Waldes

Die große Bedeutung des Waldes für uns und unseren Lebensraum lässt sich am besten durch die im Forstgesetz genannten Wirkungen beschreiben: Nutzwirkung, Schutzwirkung, Wohlfahrtswirkung und Erholungswirkung.

Nutzwirkung

Holz ist der älteste Rohstoff und gewinnt (als natürliches Produkt) trotz zahlreicher Konkurrenzprodukte laufend an Bedeutung. Der Wald ist des Weiteren Arbeitsplatz und trägt damit zur Sicherung des Einkommens bei. Zusammen mit den Holz be- und verarbeitenden Betrieben beziehen rund 300 000 Menschen in Österreich ganz oder teilweise ihr Einkommen aus der Nutzung des Waldes.

Schutzwirkung

Österreich ist ein Gebirgsland. Zahlreiche Siedlungen und Verkehrswege sind durch Wildbäche, Lawinen und Muren bedroht. Die Waldbestände bieten durch ihre stabilisierende Wirkung Schutz vor Lawinenabgängen und Rutschungen. Das hohe Wasserrückhaltevermögen vermindert die Hochwassergefahr und verhindert Erosionsschäden. Der Wald ist damit ein wesentlicher Faktor zur Sicherung unseres Lebensraums vor Naturgefahren – seine Erhaltung und Pflege sind daher besonders wichtig!

Ein Beispiel für die Nutzwirkung: Bauen mit Holz

Wald schützt vor Hangrutschungen und Lawinenabgängen.

Wohlfahrtswirkung

Die Lebensgemeinschaft Wald ist wie kaum ein anderes System geeignet, die wichtigen Faktoren Temperatur, Luft und Wasser günstig zu beeinflussen und ausgeglichene ökologische Verhältnisse herzustellen.

Der Wald sorgt für:

- Klimaausgleich
- Regulierung des Wasserhaushalts
- Bereitstellung von Trinkwasser
- Reinigung und Erneuerung von Luft und Wasser
- Lärmminderung

Erholungswirkung

Die zunehmende Verstädterung und die Einengung des Lebensraums in unserer Zeit bringen es mit sich, dass der Wunsch nach Erholung in einer intakten Umwelt immer stärker wird. Der Wald bietet dem Menschen Ruhe, Entspannung, Erholung und Abwechslung.

Wald und Erholung gehören untrennbar zusammen. Da heute jedermann den Wald frei betreten kann, hat er mit diesem Recht auch eine Mitverantwortung für den Schutz und die Erhaltung des Waldes.

Aufgaben:

- Welche Wirkungen des Waldes sind für den Menschen von Bedeutung?
- Welcher Wirkung kommt vermehrte Bedeutung zu?
- Wie trägt der Wald zur Sicherung unseres Lebensraums bei?

Eine 100-jährige Rotbuche versorgt 9 Menschen für ein ganzes Jahr mit Sauerstoff.

Wald und Erholung gehören untrennbar zusammen.

Standortkunde

Jede Baumart stellt bestimmte Ansprüche an Klima, Lage und Boden. Es ist deshalb nicht egal, ob ein Wald auf einem feuchten oder trockenen Boden, im kühlen, kalten oder warmen Klima, am Nord- oder Südhang steht. Von all diesen „Standortfaktoren“ hängt es ab, welche Baumarten wir pflanzen sollen, welche und wie viel Pflege der Wald braucht und wie viel Ertrag er abwirft.

Lebensgemeinschaft Wald

Der Baum erzeugt mithilfe von Sonnenlicht, Wasser, Luft und Bodennährstoffen Blätter, Rinde, Knospen, Holz …

Blätter (Nadeln) fallen regelmäßig ab und werden von Würmern, Insekten, Pilzen u. a. „gefressen“, verdaut und wieder ausgeschieden. Von diesen Ausscheidungen leben nun wieder Bakterien, Pilze und andere Mikroorganismen. Die Wurzeln nehmen die feinst zerteilten Stoffe als Bodennährstoffe wieder auf – der Nährstoffkreislauf ist geschlossen. Der Nährstoffkreislauf ist unterbrochen, wenn ein Glied dieses Kreislaufs ausfällt.

Mögliche Ursachen für einen unterbrochenen Nährstoffkreislauf

- Offene Bestandesränder: Sonne und Wind verschlechtern das Bestandesklima, ein Teil des Bodenlebens stirbt ab (Monokulturen).
- Die Nahrung der Bodenlebewesen ist zu einseitig und schwer zersetzbar (nur Fichten- oder Kiefernadeln), Streurechen.
- Entnahme des gesamten Feinreisigs samt den Nadeln bei Durchforstung (Hackguterzeugung).
- Undurchforstete, dichte Bestände (Licht- und Wärmemangel hemmen das Bodenleben).
- Bodenverdichtung durch schwere Fahrzeuge im Bestand.

Links geschlossener, rechts unterbrochener Nährstoffkreislauf

Jedes Tier und jede Pflanze ist für die Lebensgemeinschaft Wald wichtig und erfüllt eine Aufgabe! Je artenreicher ein Wald ist, desto gesünder und weniger anfällig ist er gegen Krankheiten und Schäden. Es herrscht ein ökologisches Gleichgewicht zwischen den dort lebenden Pflanzen und Tieren.

Aufgaben:

- Erklären Sie den Begriff Nährstoffkreislauf!
- Welche Funktionen könnten folgende Lebewesen für die Lebensgemeinschaft Wald haben: Rehe, Eichelhäher, Spechte, Mäuse, Regenwürmer, Sträucher und Kräuter, Pilze, Bakterien?
- Was können wir für das ökologische Gleichgewicht tun?
- Wodurch kann der Nährstoffkreislauf gestört/gefördert werden?
- Nennen Sie drei Standortfaktoren.

Waldboden

Guter Waldboden

Viele verschiedene Tierarten (insbesondere Regenwürmer und Insekten) zersetzen die Streu rasch und durchwühlen und vermischen das Erdreich. Die einzelnen Schichten gehen fließend ineinander über. Gute Krümelstruktur. Den Bäumen stehen viele Nährstoffe zur Verfügung. Gutes Wachstum der Bäume, aber auch der „Unkräuter" und „Unhölzer"!

Schlechter Waldboden

Wenig Bodenleben, Streu wird kaum zersetzt. Die Bäume kommen nicht an die Nährstoffe heran, der Wald „hungert", die Bäume wachsen langsamer und sind anfälliger!

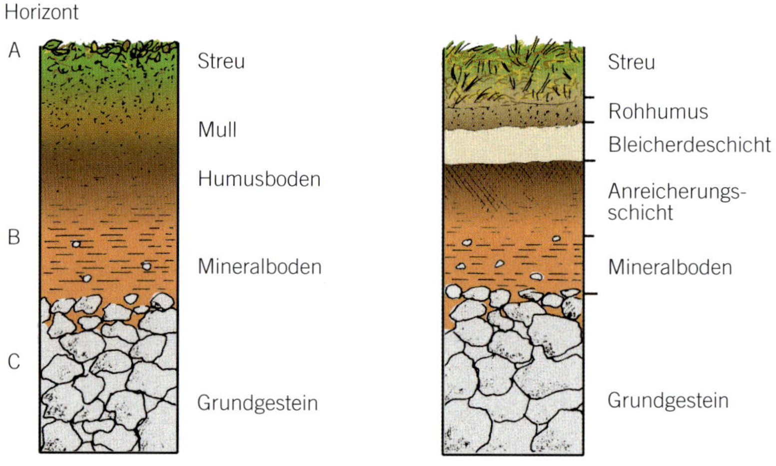

Guter Waldboden

Schlechter Waldboden

Mögliche Ursachen:

- Extremer Standort (z. B. Gebirge)
- Nach Nährstoffentzug durch Streunutzung (oder Baumverfahren bei der Holzernte)
- Monokulturen (z. B. Fichten auf nicht geeigneten Standorten)
- Nach Durchforstung oder Kahlschlag werden sämtliche Äste und Wipfel als Brennholz genutzt.

Guten Standort zeigen an:

Buschwindröschen

Neunblättrige Zahnwurz

Wald-Bingelkraut

Sauerklee

Schattenblümchen

Waldmeister

Sanikel

Im Übergang zum schlechten Standort:

Schneerose

Leberblümchen

Schlechten Standort zeigen an:

Erika

Torfmoos

Peitschenmoos

Wald-Schachtelhalm

Rotstengel-Astmoos

Drahtschmiele

Humusarten

Die Pflanzendecke sowie Art und Anzahl der Streu zersetzenden Lebewesen bestimmen die Güte des Humus.

Regenwurmmull: Gute Krümelstruktur (Ton-Humus-Komplex), guter Wasser-, Luft- und Nährstoffhaushalt des Bodens. Beste Humusform.

Insektenmull: Hauptsächlich durch Insekten (Milben, Gliederfüßer) entstanden. Fein zersetzter, oft staubförmiger, bräunlicher Humus. Rasche Zersetzung der Streu.

Moder: Hauptsächlich durch Pilze entstanden. Typischer Geruch, verlangsamte Zersetzung der Streu.

Rohhumus: Praktisch keine Zersetzung der Streu. Der Nährstoffkreislauf ist unterbrochen. Nährstoffmangel.

Heidelbeere

Die meisten Bodennährstoffe sind in der Rinde, den Blättern und den Nadeln enthalten, die wenigsten im Holz. Deshalb ist die Entnahme von Holz keine Belastung für den Boden. Bei einem geschlossenen Nährstoffkreislauf ist daher auch keine regelmäßige Düngung im Wald notwendig!

Zeigerpflanzen sind Gräser, Kräuter und Sträucher, die uns die Bodengüte eines Standorts anzeigen.

Je mehr „Unkraut" nach einem Kahlschlag wächst, desto besser ist der Waldboden!

Nadeln, Reisig, dünne Äste und Wipfel (unter 5 cm Durchmesser) im Wald liegen lassen, sie sind der natürliche Dünger des Waldes!

Klima

Die Baumarten haben sich in Jahrmillionen an das Großklima (z. B. kontinentales oder ozeanisches Klima) und an Klimaregionen (Alpen, Hügel- oder Flachland) angepasst. Jeder Baum hat seinen Platz: der Affenbrotbaum in Afrika, die Fichte im Alpengebiet und die Pappel in der Au.

Jeder Wald schafft sich aber auch sein Bestandesklima *(Kleinklima)*, das ausgleichend wirkt. Im Winter ist es wärmer, im Sommer kühler als auf der freien Fläche. Besonders günstig wirken sich ein geschlossener, stufiger Waldrand (Trauf) und eine gute Baumartenmischung auf das Kleinklima aus.

Bevor man eine Baumart pflanzt, ist es notwendig, ihre Klima- und Standortansprüche zu kennen.

Lage

Die Geländeform, ja sogar die allernächste Umgebung hat auf den Standort großen Einfluss, ebenso Himmelsrichtung, Steilheit und Seehöhe.

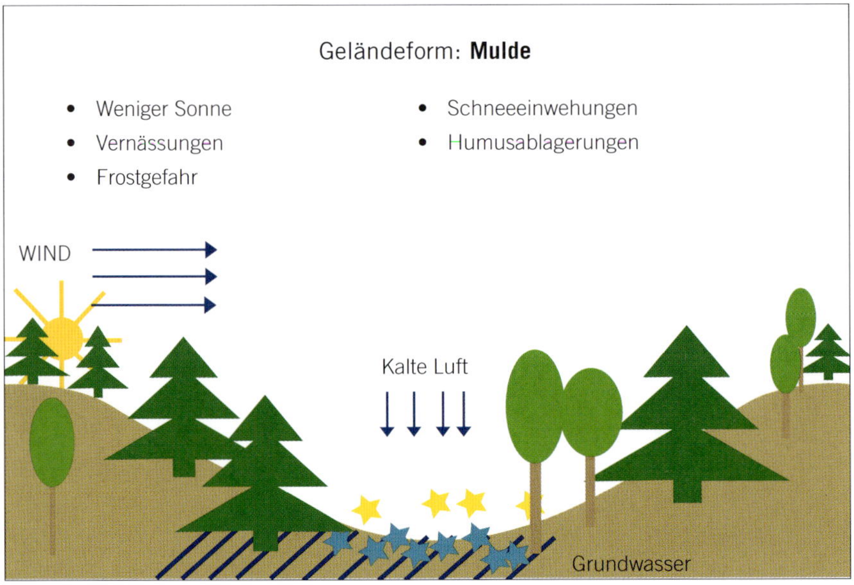

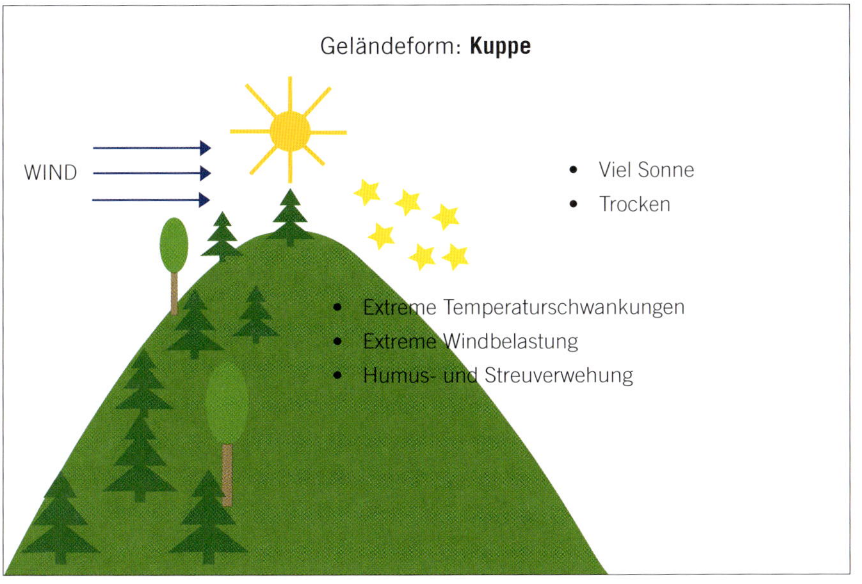

Aufgaben:

- Welches Klima herrscht in folgenden Lagen?

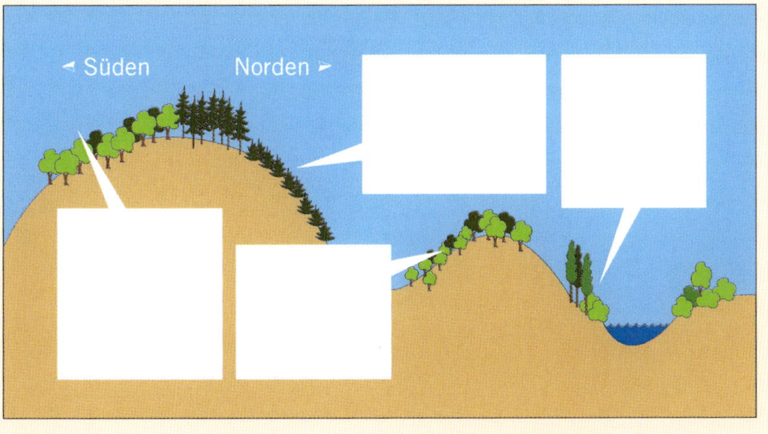

- Welche Humusarten gibt es?
- Wie erkennt man einen guten und einen schlechten Waldboden?
- Wie kann das Bestandesklima durch forstliche Maßnahmen beeinflusst werden?
- Welche Pflanzen zeigen einen guten bzw. einen schlechten Standort an?

Baumartenkunde

Für die Begründung und nachhaltige Bewirtschaftung unserer Wälder sind Kenntnisse über Aufbau und Ansprüche der verschiedenen Baumarten erforderlich.

Organe des Baumes

Wurzeln

Die Wurzeln verankern den Baum im Erdboden.

Mykorrhiza-Pilze leben in Symbiose mit dem Baum und erleichtern den Wurzeln die Nahrungs- und Wasseraufnahme.

Die wichtigsten Wurzelformen sind:

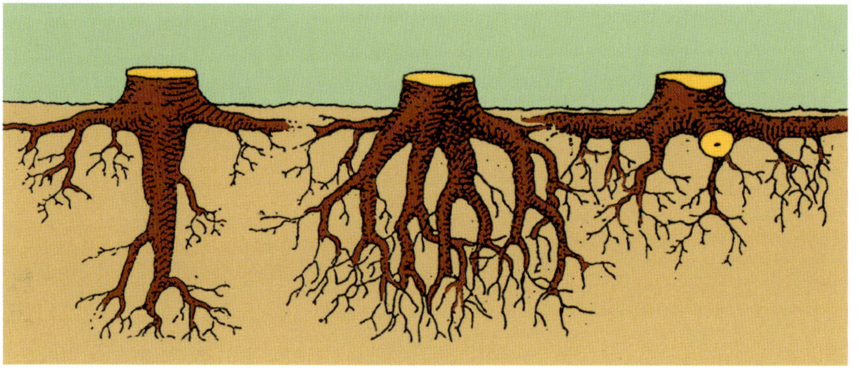

Pfahlwurzel:	Herzwurzel:	Flachwurzel:
Senkrecht abwärts wachsende Hauptwurzel (z. B. Tanne, Kiefer, Eiche, Esche)	Kräftige, abwärts wachsende Seitenwurzeln (z. B. Lärche, Buche)	Breitet sich tellerartig knapp unter der Oberfläche aus (Fichte)

Stamm

Der Stamm verbindet Wurzel und Krone. Er ist der wirtschaftlich wertvollste Teil des Baumes.

Die *Borke* schützt den Baum vor Kälte, Hitze, Pilz- und Insektenbefall.

Der *Bast* transportiert die in den Nadeln und Blättern durch Fotosynthese erzeugten Aufbaustoffe stammabwärts (im Frühjahr Transport der Reservestoffe zur Krone).

Das *Kambium* ist eine dünne Zellschicht, die jedes Jahr während der Wachstumszeit nach innen Holz und nach außen Rinde bildet. Aus der Dicke der so entstandenen *Jahresringe* kann auf die Wuchsbedingungen geschlossen werden.

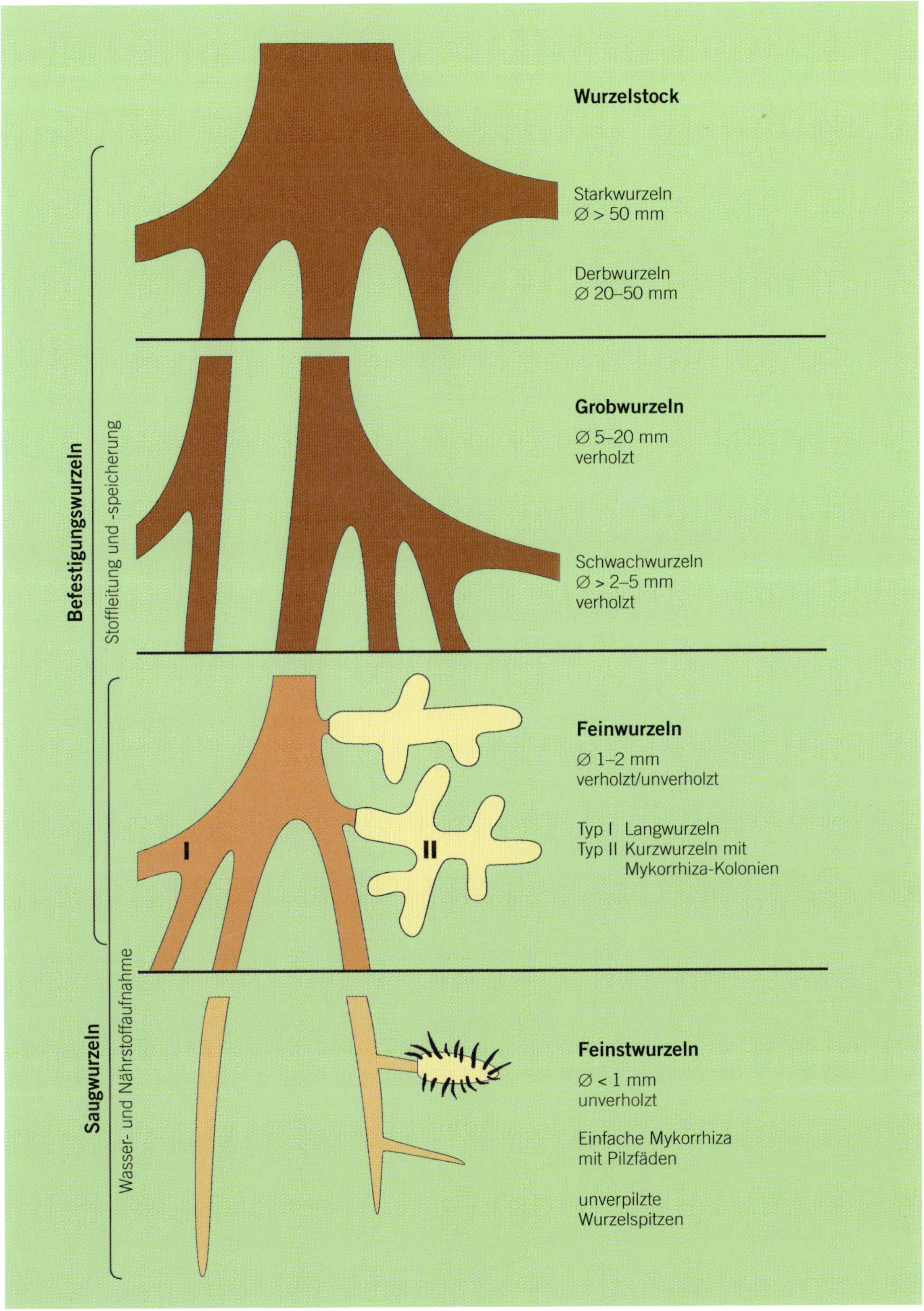
Wurzelstock
Starkwurzeln
Ø > 50 mm
Derbwurzeln
Ø 20–50 mm
Grobwurzeln
Ø 5–20 mm
verholzt
Schwachwurzeln
Ø > 2–5 mm
verholzt
Feinwurzeln
Ø 1–2 mm
verholzt/unverholzt
I
II
Typ I Langwurzeln
Typ II Kurzwurzeln mit
Mykorrhiza-Kolonien
Feinstwurzeln
Ø < 1 mm
unverholzt
Einfache Mykorrhiza
mit Pilzfäden
unverpilzte
Wurzelspitzen
Befestigungswurzeln
Stoffleitung und -speicherung
Saugwurzeln
Wasser- und Nährstoffaufnahme

Was eine Stammscheibe erzählen kann

Ein Baum bildet jedes Jahr am Außenrand einen Jahresring dazu. Aus einem Schnitt kann man einiges über die Vergangenheit herauslesen.

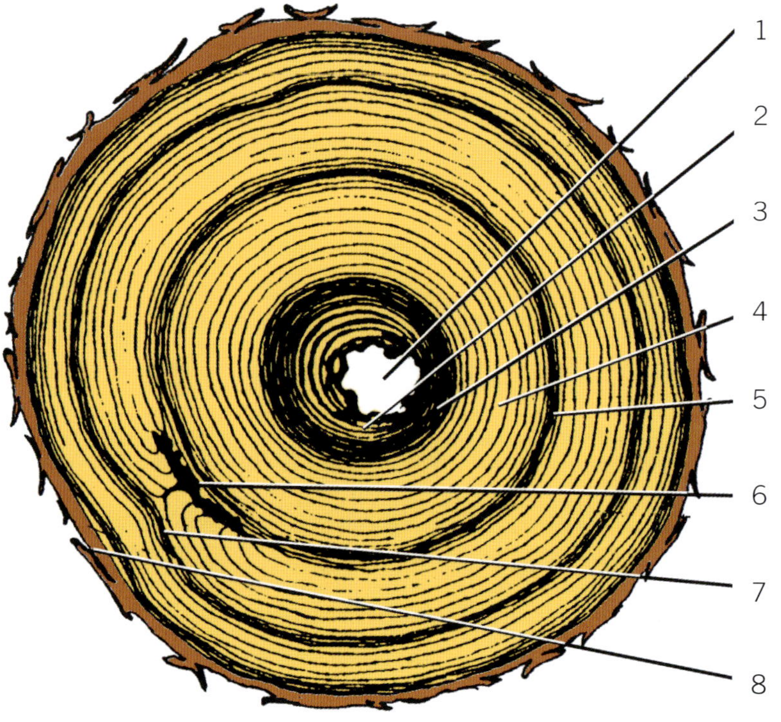

1 Kern
Da Wasser und Eisstöße den unteren Stamm beschädigt haben, sind die ersten Jahresringe verfault. An den Wunden sind Pilze und Feuchtigkeit eingedrungen. Rotfäule frisst sich ins Holz.

2 Das Wasser unterspült die Wurzeln. Der Baum steht schief.

3 Der Stamm hat sich wieder aufgerichtet.

4 Es gibt Jahre mit günstigen Wachstumsbedingungen.

5 Mehrere Jahre fällt viel Regen und Schnee, deshalb gibt es häufig Hochwasser. Die Wurzeln bekommen „nasse Füße".

6 Wunde
Ein heftiger Eisstoß hat eine große Wunde geschlagen, sie konnte aber wieder geschlossen werden.

7 Insekten haben sich explosionsartig vermehrt, die Raupen fressen viel Nadel- und Knospenmasse.

8 Luftschadstoffe und der ungünstige Standort zehren an der Lebenskraft. Der Baum ist für den Borkenkäfer anfällig geworden.

Das Innenleben eines Baumstamms

Im *Splintholz* befindet sich das Leitungssystem für das Wasser und die darin gelösten Nährstoffe (N, P, K, Ca, Mg ... Spurenelemente).

Das *Kernholz* ist das Stützsystem des Baumes. Das Kernholz ist vom Splintholz oft nicht zu unterscheiden.

Krone

Sie ist der Träger der Blätter und Nadeln (Assimilationsorgane). Nur wenn man ihr durch entsprechende Pflege Platz gibt, kann sich der Baum entwickeln und so einen guten Zuwachs bringen.

Lichtbaumarten brauchen viel Licht und können keinen Schatten ertragen, z. B. Lärche, Kiefer, Eiche, Birke, Pappel, Weide.

Schattbaumarten ertragen viel Schatten, z. B. Tanne, Buche, Eibe.

Halbschattbaumarten: Fichte, Bergahorn, Linde, Esche, Ulme. In der Jugend sind die Lichtansprüche einiger Baumarten geringer (z. B. von Eiche, Kiefer, Esche, Ahorn).

Baumarten

Im folgenden Abschnitt werden die wichtigsten Baumarten nach Vorkommen, Anspruch an Klima, Boden und Licht, Wachstum, Verjüngung, besonderen Kennzeichen, Gefährdung und Verwendung charakterisiert.

Nadelbäume

Nach dem Holz der Nadelbäume besteht am Markt besondere Nachfrage. Verwendet wird Nadelholz in erster Linie als Bauholz, Schnittholz und Industrieholz (für Zellstoff, Platten usw.).

> Der Lichtbedarf ist neben den Klima- und Bodenansprüchen für die Wahl der richtigen Baumart bei der Verjüngung entscheidend.

Fichte

Vorherrschende Baumart im Bergland. Verträgt Kälte und raue Witterung und gedeiht bei genügend Feuchtigkeit auch im Hügelland. Sie braucht nährstoffreiche, frische Böden und meidet trockene, verdichtete oder vernässte Standorte. Halbschattbaumart, Flachwurzler (verdichtet den Boden – keine Reinbestände!). Nadeln schwer zersetzbar. Verjüngung durch Pflanzung oder natürlich auf aufgelichtetem Schlagrand (Saum) oder häufig unter Schirm (Schirmschlag). Kegelförmige Krone, spitze Nadeln, rotbraune Rinde.

Gefährdet durch Rotfäule (nach Verletzungen und bei Erstaufforstungen), Borkenkäfer, Rüsselkäfer, Nonne.

Verwendung als Bauholz, Möbelholz Industrieholz, Brennholz usw., universell einsetzbar.

Tanne

Waldbaulich der wertvollste Nadelbaum (Bodenverbesserer). Baumart des luftfeuchten, milderen Alpenvorlands; verlangt tiefgründige, nährstoffreiche, frische Böden und luftfeuchtes Klima; verträgt vernässte Standorte, ausgesprochene Schattbaumart.

Langsames Jugendwachstum; Pfahlwurzler.

Verjüngung durch Samenanflug unter dem Bestandesschirm.

Gefährdet durch Wildverbiss, Luftverschmutzung, Kahlschlagwirtschaft.

Verwendung wie Fichte, vor allem auch als Bauholz für Wohnhaus und Dachstühle sowie beim Wasser- und Erdbau.

Weißkiefer

Die Bedeutung liegt in ihrer Anspruchslosigkeit.

Hauptnadelbaum des warmen Hügellandes und warmer, trockener Hänge des Mittelgebirges; Sandböden; ausgesprochene Lichtbaumart, rasches Jugendwachstum (Protzengefahr); Pfahlwurzler.

Verjüngung entweder natürlich auf schmalen Schlägen, durch Überhälter oder durch Pflanzung; Zweinadler, rötliche Spiegelrinde. Soll in der Jugend unter leichter Beschattung (Dichtstand) heranwachsen, sonst wird sie grobastig.

Gefährdet durch Schneedruck, Pilze und Insekten.

Holz für Bautischlerei, Faserholz, Möbelholz, Masten usw.

Schwarzkiefer

Noch anspruchsloser als Weißkiefer; Baumart des warmen kontinentalen Klimas, Halblichtbaumart; unempfindlich gegen Rauch.

Holz dauerhaft, verwendet im Wasserbau und Bootsbau, harzreich; Zweinadler (Nadeln länger als bei Weißkiefer); Fußböden für Konzertsäle; Harzgewinnung (örtliche Bedeutung).

Lärche

Baum des Gebirges und des Berglandes, verlangt lockeren, nährkräftigen Boden; klimatisch hart, Verbreitung bis 2 400 m; Lichtbaumart, Pionierbaumart.

Rasches Jugendwachstum; mehrere Rassen; Herzwurzel; verliert Nadeln im Winter; Wildfegeschäden.

Verwendung als Bauholz, im Erdbau, für Schwellen und Maste; dauerhaft – auch für Möbel- und Innenausbau.

Zirbe (Arve)

Hochgebirgsbaum; Lichtbaumart; sehr langsames Wachstum; dauerhaftes Holz. Fünfnadler.

Verwendung hauptsächlich als Möbelholz (Zirbenstube).

Eibe

Immergrüner Baum, ausgesprochene Schattbaumart; grüne Pflanzteile und Samen giftig.

Holz sehr dauerhaft und schwer. Steht unter Naturschutz!

Douglasie

Raschwüchsige nordamerikanische Baumart.

Mittlere Ansprüche an die Nährkraft des Bodens.

Nicht auf kalkreichen Böden setzen, auf Herkunft achten! Halbschattbaumart; Herzwurzel.

Gefährdet durch Wild, Frost, Hallimasch, Schütte; dauerhaftes Holz, Verwendung etwa wie bei Lärche, Schmuckreisig.

Laubbäume

Das Holz der Laubbäume findet hauptsächlich für die Erzeugung von Möbeln, Furnieren, Parketten und als Industrie- und Brennholz Verwendung.

Die Laubbäume sind wertvolle Mischbaumarten im Wald und gewinnen wieder mehr Bedeutung in der Landschaftsgestaltung (z. B. für Alleen und Baumgruppen).

Eiche

Stieleichen und Traubeneichen liefern von all unseren Baumarten das wertvollste Holz, Zerreiche fast nur Brennholz.

Stieleiche

Traubeneiche

Eichen benötigen tiefgründigen, nährstoffreichen, frischen Boden; sie verlangen viel Luftwärme; die Stieleiche verträgt Überschwemmungen (Auwald).

Lichtbaumart; Pfahlwurzler; Verjüngung durch Aufschlag oder Pflanzung, Verbreitung auch durch Tiere (Eichhörnchen, Häher).

Gefährdung durch Spätfrost, Mistel, Pilze und Luftverunreinigungen; verwendet als Furnier- und Möbelholz, Parkettböden, Fassholz, Schwellen.

Linde

Winterlinde, Sommerlinde.

Baumart der Ebene und des Hügellandes; wärmeliebend, verträgt Schatten; Haarbüschel in den Achseln der Blattnerven auf der Blattunterseite;

Verwendung für Schnitzerei, Modellbau und Möbel.

Hainbuche (Weißbuche)

Ebene bis Hügelland; warm und luftfeucht; Halbschattbaumart; wenig anspruchsvoll, Baumart wächst langsam; Herzwurzler, Stamm „spannrückig“.

Holz hart und zäh, für Werkzeuge, Hackstöcke, Keile und Brennholz.

Rotbuche

Baumart der luftfeuchten Voralpen; auf Kalkverwitterungsböden; braucht nährstoffreichen, frischen, tiefgründigen Boden. Günstige Bodenbeeinflussung durch rasch abbaubare Laubstreu. Das Klima soll feucht und warm sein; in kühleren Gebieten Verbreitung daher auf Südhängen. Schattbaumart; langsames Jugendwachstum; Herzwurzel.

Verjüngung natürlich oder künstlich unter dem Schirm des Altholzes; graue, glatte Rinde; längliche, braune Knospen.

Samen: Buchecker.

Gefährdet durch Wildverbiss, Schneedruck, Spätfrost.

Verwendung als Faserholz, Schwellen- und Brennholz, Furnierholz; für Parkettböden, Möbel, Sperrholz usw.

Esche

Baum des Tief- und Hügellandes, Auwald; im Gebirge bis 1 200 m. Braucht tiefgründigen, frischen (nassen) Boden („Wassereschen“); auf Kalk und Dolomit verträgt sie Trockenheit („Kalkeschen“). Rasches Jugendwachstum; Halbschattbaumart; Pfahlwurzler.

Reichliche Naturverjüngung bzw. Verjüngung durch Ausschlag oder Pflanzung; schwarze Knospen.

Verwendet als Möbel- und Zeugholz, für Turn- und Sportgeräte, Türen, Fußböden.

Ulme (Rüster)

Berg-, Feldulme

Sehr anspruchsvoll an den Boden; Halbschattbaumart; verjüngt sich durch Samenanflug und Ausschlag; gefährdet durch Dürre, Ulmensterben (Käfer + Pilze); asymmetrisches Blatt.

Verwendung für Furniere, Möbel, Parkettböden, Drechslerholz.

Erle

Grauerle Pionierbaumart; Schwarzerle auf staunassen Böden; Grünerle im Hochgebirge. Rasches Jugendwachstum; Tiefwurzler, Lichtbaumart; Stickstoffsammler, Verjüngung durch Samen oder Ausschlag.

Verwendung für Platten, Möbel, Kurzumtriebsflächen (Energieholzanbau).

Schwarzerle

Ahorn

Bergahorn, Spitzahorn; waldbaulich wertvolle Mischbaumart. Er braucht frische, tiefgründige, lockere Böden, kommt aber auch auf steinigen Böden vor, braucht hohe Luftfeuchtigkeit; Feldahorn bedeutend als Flur- und Heckengehölz.

Halbschattbaumart; Tiefwurzler: Verjüngung leicht durch Anflug und Pflanzung.

Verwendung für Möbel, Parkett,

Sportgeräte.

Bergahorn

Kirsche (Vogelkirsche)

Ebene bis Hügelland, Lichtbaumart, rasches Jugendwachstum, rötliches Furnierholz, wertvoll; Landschaftsbereicherung.

Pappel

Unzählige in- und ausländische Sorten; Auwald und Flurholzanbau; raschwüchsig; gute Massenleistung; Energieholzanbau. Aspe (Zitterpappel), anspruchslos, Pionierbaumart bis ins Gebirge.

Schwarz- und Weißpappeln sind wärmeliebend; Lichtbaumart.

Verwendung in Platten- und Papierindustrie.

Edelkastanie

Weinklima; gut ausschlagfähig, Pfahlholz, Weinstecken;

schmackhafte Früchte (Maroni).

Birke

Pionierbaumart, gedeiht auf jungen, rohen Böden. Möbel, Türen, Parkett; Brenn- und Faserholz; Plattenerzeugung.

Weiden

Große Anzahl und viele Kreuzungen; Baumweiden, Strauchweiden. Auf feuchten bis nassen Böden, entlang von Bächen; schnellwüchsig, Energieholzanbau.

Lichtbaumart; Kistenholz (z. B. Salweide), Imkerei; Verjüngung durch Stockausschlag und Stecklinge.

Salweide

Nuss

Weinklima, Lichtbaumart; Auwald; frostempfindlich.

Möbel- und Furnierholz

Eberesche (Vogelbeere)

Pionierbaumart; bis 2 400 m; frosthart, verträgt starke Bodenversauerung.

Alleebaum, Schnaps;

Früchte werden von mehr als 60 Vogelarten gefressen.

Robinie (Akazie)

Baumart der Ebene; anspruchslos, aber wärmebedürftig, intensive Bewurzelung; Lichtbaumart; bedeutungsvoll bei der Besiedlung trockener Sandböden; Pionierbaumart; Stickstoffsammler; wichtig als Bienenweide.

Holz hart und zäh; sehr große Dauerhaftigkeit, Weinbergpfähle; gutes Brennholz.

Unterschied zwischen Tanne und Fichte

- Die Nadeln der Tanne sind stumpf, flach und haben auf der Unterseite zwei Wachsstreifen.
- Tannennadeln stehen sich an den Zweigen in zwei Reihen gegenüber (außer im Wipfel).
- Nadellose Zweige sind glatt.
- Zapfen stehen am Zweig. Es fallen nur die Schuppen ab, die Spindel bleibt am Baum.
- Ältere Tannen haben einen runden Wipfel (später „Storchennest").
- Die Rinde ist weißgrau.
- Junge Tannen wachsen langsam und vertragen Schatten (Schattbaumart).

- Fichtennadeln sind spitz, vierkantig und härter.
- Die Zweige sind rundum benadelt.
- Fichtenzweige ohne Nadeln fühlen sich rau an.
- Fichtenzapfen hängen und fallen als Ganzes ab.
- Der Wipfel von Fichten ist spitz.
- Die Rinde ist hell- bis rotbraun.
- Fichten brauchen mehr Licht (Halbschattbaumart) und wachsen schneller.

Unterschied zwischen Weißkiefer und Schwarzkiefer

- Die Nadeln der Weißkiefer sind graugrün bis dunkelgrün und gedreht.
- Die Rinde ist graubraun, zum Wipfel hin dünner und graugelb bis leuchtend rotgelb werdend.
- Lichtbaumart.

- Schwarzkiefernadeln sind schwarzgrün, länger, starr und kaum gedreht.
- Rinde bis zum Wipfel gleichmäßig dunkel- bis schwarzgrau.
- Holz sehr harzreich.
- Halblichtbaumart.

Unterschied zwischen Traubeneiche und Stieleiche

- Blätter der Traubeneiche sind gleichmäßig über den Zweig verteilt, lang gestielt mit keilförmigem Grund. Blattnerven enden meist nur in den Ausbuchtungen.
- Eicheln fast ungestielt, traubig gehäuft (Name!).

- Die Blätter sind in Büscheln am Ende der Triebe, kurz gestielt und mit zweilappigem Blattgrund. Blattnerven enden teilweise auch in den Einbuchtungen.
- Eicheln an langen Stielen (Name!).

Unterschied zwischen Rotbuche und Hainbuche

- Die Blätter der Rotbuche sind lebhaft grün glänzend mit welligem Rand.
- Fünf bis neun Nervenpaare.
- Die Früchte (Bucheckern) sind scharf dreikantig, glänzend rotbraun und in weichstacheligem Fruchtbecher.
- Die Rinde ist graubraun bis weißgrau gefleckt (glatt).
- Stamm oft reich an „Chinesenbärten".

- Blätter sind scharf doppelt gesägt und längs der parallel laufenden 10–15 Seitennerven gefaltet.
- Früchte (Nüsschen) zusammengedrückt, sind hart, gerippt, anfangs grün, später braun und mit dreilappigem Flügel ausgestattet.
- Rinde silbergrau („wellig").
- Stamm spannrückig und oft sehr abholzig.

„Steckbrief“ der Baumarten

	Nährstoffbedarf			Wasserbedarf			Lichtbedarf			Wärmebedarf			Wurzelform		
							Licht-	Halb-schatt-	Schatt-						
								Baumart						Wurzeln	
	hoch	mittel	gering	hoch	mittel	gering	hoch	mittel	gering	hoch	mittel	gering	Pfahl-	Herz-	Flach-
Fichte		×		×				×				×			×
Tanne	×			×	×				×		×		×		
Lärche		×			×		×					×		×	
Weißkiefer			×			×	×				×		×		
Rotbuche	×				×				×		×			×	
Trauben-eiche	×				×		×				×		×		
Stieleiche	×			×			×			×			×		
Bergahorn		×			×			x			×			×	
Esche	×			×	×			x			×		×		
Schwarz-erle	×			×			×				×			×	
Pappel	×			×			×			×				×	

Sträucher

Die große Anzahl von Straucharten, die in unseren Wäldern vorkommt, ist von mannigfaltiger Bedeutung. Nur wenn sie Jungwüchse überwuchern bzw. eine natürliche Verjüngung verhindern, sind sie forstlich unerwünscht.

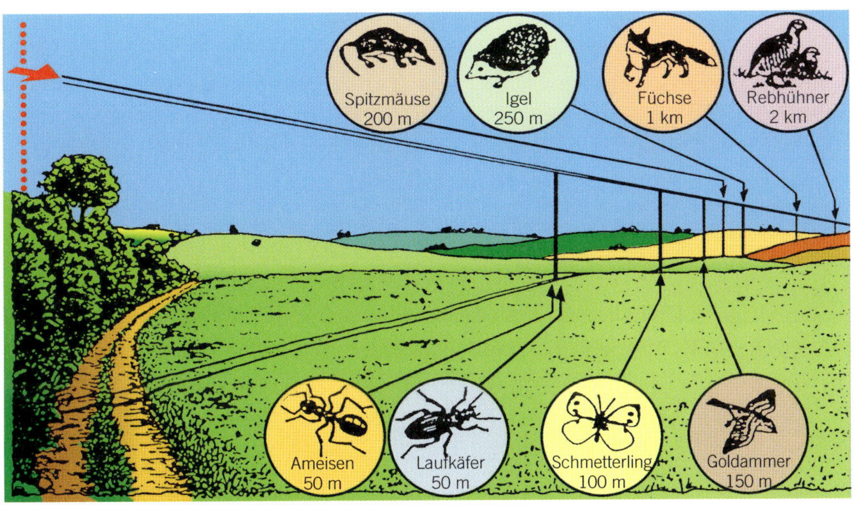

Hecken – eine ökologische Bereicherung für die Landschaft. Die Grafik zeigt, bis in welche Entfernung nützliche Tiere vordringen können. Daraus wird deutlich, dass ein Abstand von 300 m zwischen Hecken in der Regel nicht überschritten werden soll.

Sträucher und Pionierbaumarten sind für den Bodenschutz und die Bodenfestigkeit sehr wertvoll. Ihre Laubstreu wirkt bodenverbessernd. Die Knospen, das Laub und die Früchte sind eine wertvolle Äsung für das Wild und die Vogelwelt. Des Weiteren bieten die Sträucher ausgezeichnete Nist- und Brutplätze sowie Schutz und Deckung für Wild und Singvögel.

Auch als Energieholz (Kurzumtriebsflächen) finden einige raschwüchsige Straucharten und Pionierbaumarten wie Weide, Eberesche, Erle, Pappelarten, Robinie und Hasel Verwendung.

Die häufigsten Sträucher sind: Hartriegel, Hasel, Weißdorn, Pfaffenhütchen, Sanddorn, Liguster, Schlehdorn, Heckenkirsche, Wildrosenarten, Brombeere, Himbeere, Wolliger Schneeball, Felsenbirne, Kornelkirsche, Faulbaum, Besenginster u. v. a. m.

Vogelbeere (Eberesche)	63	Gemeine Eibe	24
Schwarzer Holunder	62	Gewöhnlicher Schneeball	22
Traubenholunder	47	Gemeiner Liguster	21
Gemeiner Wacholder	43	Schlehe (Schlehdorn)	20
Waldhimbeere	39	Kreuzdorn	19
Faulbaum („Pulverholz“)	36	Sanddorn	16
Weißdorn (ein- u. zweigriffelig)	32	Kornelkirsche	15
Wildbrombeere	32	Wolliger Schneeball	15
Hundsrose	27	Hasel (Haselnuss)	10
Roter Hartriegel	24	Rote Heckenkirsche	8
Europäisches Pfaffenhütchen	24	Wilde Schwarze Johannisbeere	3
Gemeine Traubenkirsche	24	Weiden	3

Aufgaben:

- Welchen Lichtanspruch und welche Wurzelform haben die Hauptbaumarten?
- Beschriften Sie nachstehende Zeichnung und erklären Sie die Aufgaben der einzelnen Schichten.

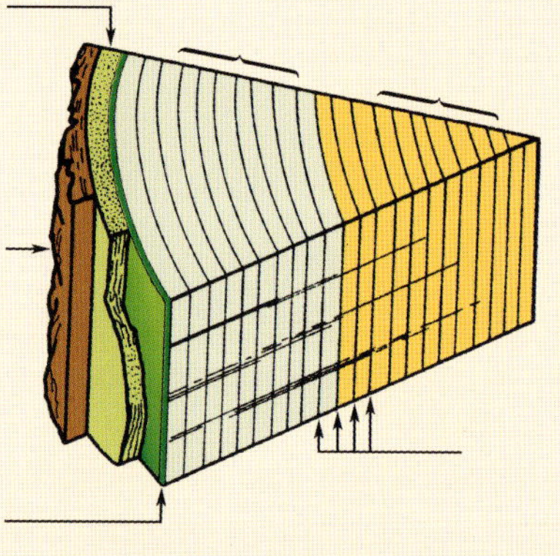

- Welche Baumarten kann man auf nassen Boden setzen?
- Welche Baumarten kann man auf trockenen Boden setzen?
- Welche Ansprüche stellen Fichte, Kiefer, Tanne, Buche und Eiche an den Standort?
- Worin liegt die Bedeutung der Sträucher?
- Wodurch unterscheiden sich Reinbestände von Mischbeständen?

FORSTBOTANIK

BAUMARTENSTECKBRIEF

Baum: . . . . Botanischer Name: . . . .

Beschreibung:

- Rinde/Borke
- Blätter/Nadeln
- Knospen
- Wurzeln

Standort:

- Ansprüche an Boden und Nährstoffe
- Wasser
- Licht
- Klima/Wärmebedarf

Holz und Verwendung:

Was noch zu sagen wäre:

Verjüngung des Waldes

Übersicht

Übersicht über die Verjüngungsmethoden des Waldes

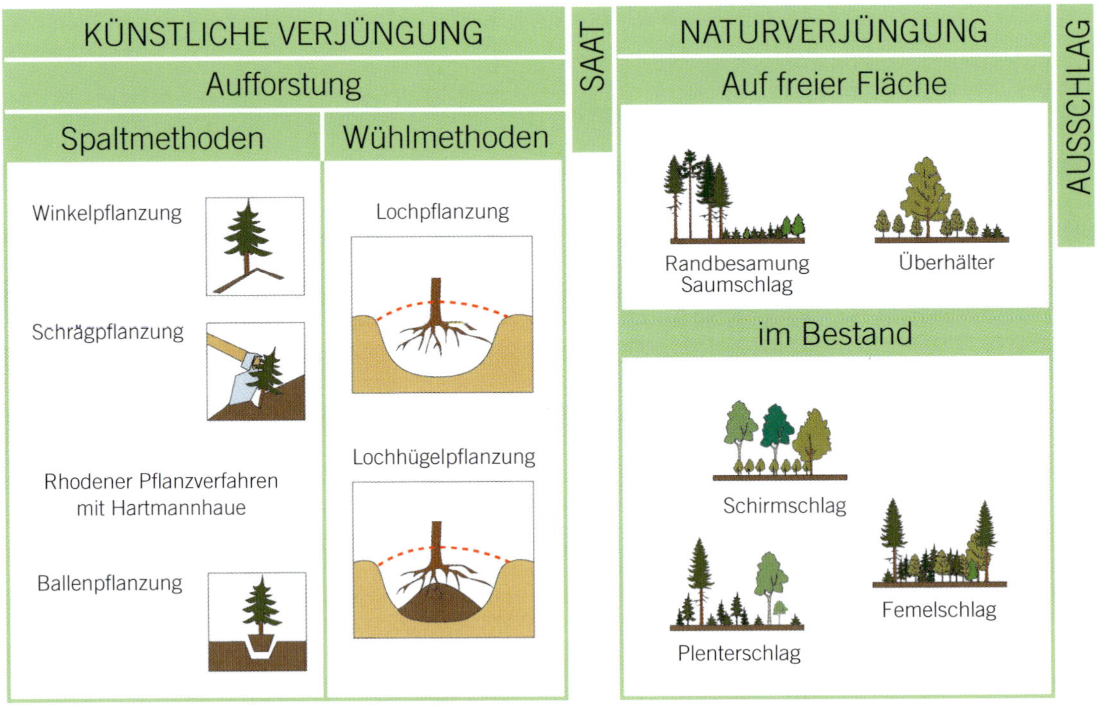

Foto: Ch. Künzi

Rhodener Pflanzverfahren mit Hartmannhaue (im Bild links)

Werkzeugvergleich: Das Blatt der Wiedehopfhaue (rechts) ist zu kurz für diese Laubholzsortimente. Die Hartmann-Haue (links) ist hier geeigneter.

Naturverjüngung

Voraussetzungen für eine Naturverjüngung sind:

- Vorhandensein der richtigen Baumarten (Artenvielfalt)
- Gute Qualität des Mutterbestandes
- Keine Vergrasung, wenig Rohhumus (eventuell Bodenverwundung)
- Gute Aufschließung (Bringung)
- Tragbare Wilddichte oder Schutzmaßnahmen

Lichtbaumarten brauchen meist schon in der Jugend viel Licht und verjüngen sich gern an Bestandesrändern oder unter Überhältern.

Schattbaumarten verjüngen sich unter dem Schirm der Altbäume (z. B. Tanne und Rotbuche).

Naturverjüngung im Bestand

Femelschlag: Vorhandene Lücken, in denen schon ein Anflug oder Aufschlag vorhanden ist, werden vergrößert (= Rändelung). So werden die „Verjüngungskegel" immer größer, bis sie „zusammenwachsen" (kann bis zu 30 Jahre dauern).

Femelschlag

Schirmschlag

Plenterung

Durch Überbehälter

Saumschlag

Femelschlag

Plenterwald

Saumschlag

Schirmschlag

Kahlschlag mit Überhälter

Der Wald blüht

Holzvorrat und Zuwachsverlauf beim Kahlschlag: bei der Plenterung:

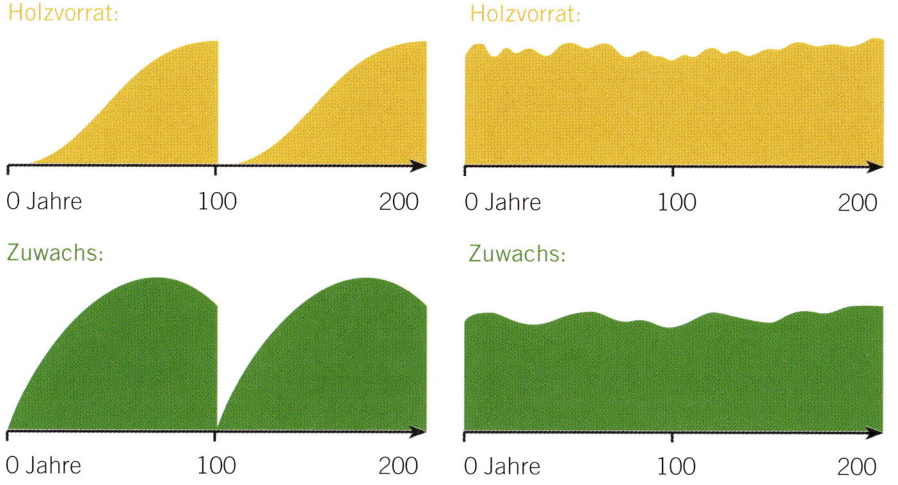

Zuwachs von der Bestandesbegründung an von null allmählich zunehmend bis zu einem Maximum zwischen 40 und 70 Jahren

Zuwachs annähernd gleich bleibend

Schirmschlag: Durch eine kräftige Durchforstung wird der Bestand so stark aufgelockert, dass genug Licht, Wärme und Regen auf den Boden gelangen und die Samen keimen können. Das Altholz wird in mehreren „Etappen“ (Lichtungshiebe) geschlägert.

Plenterung: Stufig aufgebauter Wald, alle Altersklassen sind vorhanden. Wird ein Stamm geschlägert, so entsteht Platz für die Verjüngung. Naturnahe Bewirtschaftung mit laufend hohen Erträgen.

Naturverjüngung auf freier Fläche

Durch Überhälter: Einige Überhälter bleiben auf dem Schlag als Samenbäume stehen. Lücken werden aufgeforstet.

Saumschlag: Ein schmaler Streifen Kahlschlag (Breite: maximal 1,5 Baumlängen) verjüngt sich vom Rand her.

Wo immer die Naturverjüngung möglich ist, soll sie genützt werden!
Sie erspart Kosten und Arbeit.

Aufgaben:

- Welche Gegebenheiten müssen vorhanden sein, um mit der Naturverjüngung arbeiten zu können?
- Welche Baumarten verjüngen sich:
  a) im Bestand?
  b) auf freier Fläche?
- Welche Vor- und Nachteile hat die Naturverjüngung?

Die Wuchsgebiete in Österreich

1.1	Innenalpen - kontinentale Kernzone
1.2	Subkontinentale Innenalpen - West
1.3	Subkontinentale Innenalpen - Ost
2.1	Nördliche Zwischenalpen - West
2.2	Nördliche Zwischenalpen - Ost
3.1	Östliche Zwischenalpen - Nord
3.2	Östliche Zwischenalpen - Süd
3.3	Südliche Zwischenalpen
4.1	Nördliche Randalpen - West
4.2	Nördliche Randalpen - Ost
5.1	Niederösterreichischer Alpenostrand
5.2	Bucklige Welt
5.3	Oststeirisches Bergland
5.4	Weststeirisches Bergland
6.1	Südliche Randalpen
6.2	Klagenfurter Becken
7.1	Nördliches Alpenvorland - West
7.2	Nördliches Alpenvorland - Ost
8.1	Pannonisches Tief- und Hügelland
8.2	Subillyrisches Hügel- und Terrassenland
9.1	Mühlviertel
9.2	Waldviertel

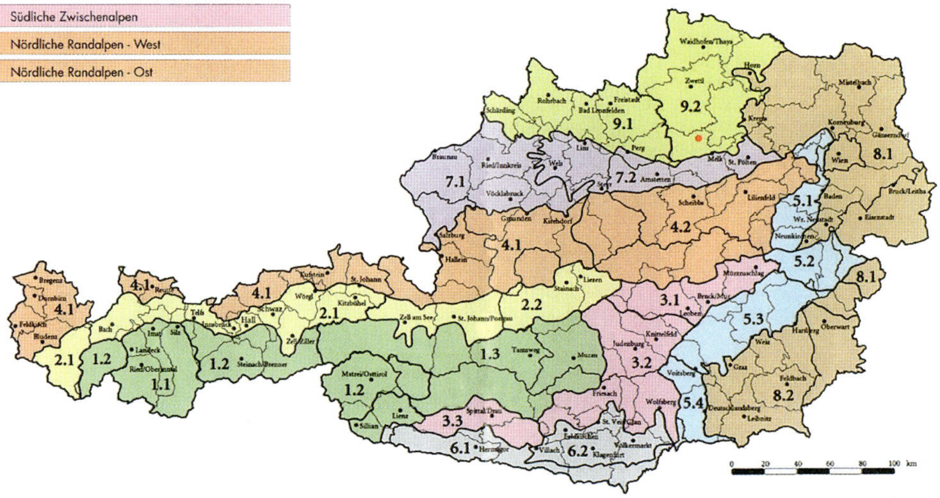

Aufforstung

Vorbereitung

Überlegungen vor der Aufforstung:

- Wo? (Standort, Flächengröße)
- Was? (Baumart, Größe der Pflanzen)
- Wann? (Frühjahr und Herbst)
- Mischungsverhältnis? (Baumartenanteile)
- Mischungsform? (einzeln oder gruppenweise)
- Pflanzenzahl, Pflanzverband?
- Woher? (Bezugsquelle)
- Pflanzentransport
- Pflanzeneinschlag und Lagerung
- Pflanzmethode
- Werkzeug
- Arbeitskräfte
- Schlagvorbereitung

Kein Schlagbrennen! Reisig und Äste unter einem Durchmesser von 5 cm gleichmäßig auf der Fläche verteilen oder in Fratten legen.

> Für die Verjüngung sind nur standorttaugliche Herkünfte zu verwenden, wobei die Seehöhe bis auf eine Differenz von 200 m einzuhalten ist.

Pflanzenmaterial

Es sollen nur gesunde und regelmäßig gewachsene Pflanzen mit kräftigen Wurzeln gesetzt werden. Beim Ankauf ist auf die Herkunft der Forstpflanzen zu achten.

Links geeignete, rechts ungeeignete Forstpflanzen

Beispiel für ein Forstpflanzenanerkennungszeichen

Lä 18 9.2 /tm

Bedeutet: Lä = Baumart (Lärche);
18 = Anerkennungsnummer des Bestandes (erfolgt durch die Behörde);
9.2 = Wuchsgebiet;
tm = Höhenstufe „tiefmontan"

Höhenstufen:	
submontan	< 850 (950) m
tiefmontan	850–1 100 m
mittelmontan	1 100–1 400 m
hochmontan	1 400–1 700 (1 850) m
tiefsubalpin	(1 500) 1 700–2 000 (2 100) m
hochsubalpin	(1 650) 1 950–2 200 (2 300) m

Auf guten Böden, die zur Verunkrautung neigen, werden große Pflanzen gesetzt; auf schlechten Böden und in höheren Lagen werden kleine Pflanzen gesetzt.

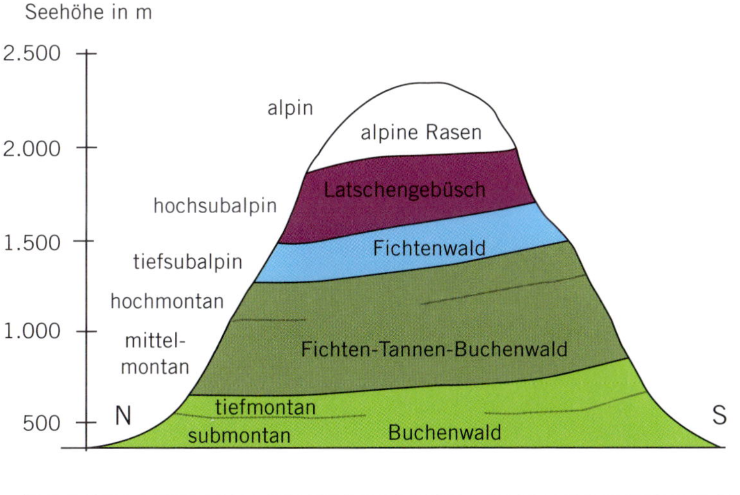

Pflanzenbedarf

$$\text{Pflanzenzahl} = \frac{\text{Schlagfläche in m}^2}{\text{Platzbedarf einer Pflanze in m}^2}$$

$$\text{Beispiel: } \frac{4\,500}{1{,}5 \times 2} = 1\,500 \text{ St.}$$

Baumart	Pflanzverband	St./ha
Kiefer	1 × 1,5 bis 1 × 2 m	6 666 – 5 000
Fichte	1,5 × 1,7 bis 2 × 3 m	3 922 – 1 666
Lärche	2 × 2 bis 2 × 3 m	2 500 – 1 666
Laubholz Heister	1 × 1 bis 3 × 4 m	10 000 – 833
Pappel	5 × 5 bis 7 × 7 m	400 – 204

Die Wahl des Pflanzverbandes hängt von vielen Faktoren ab; es gibt kein allgemein gültiges Rezept. Durch die Wahl weiterer Verbände (weniger Pflanzen pro Hektar) wird der Pflege- und Schutzaufwand verringert. Der erste Bestandeseingriff kann später erfolgen und bringt schon verwertbare Sortimente.

Mischungsform

Eine horst- und gruppenweise Mischung ist besser als eine Reihen- oder Einzelmischung der Baumarten (unterschiedliches Wachstum, gegenseitige Beeinflussung, eventuell Ausfallen einer weniger konkurrenzfähigen Baumart). Die Aufforstung kann auch in Trupps (10 bis 20 Pflanzen auf einer kleinen Fläche mit bis zu drei Meter Durchmesser) oder Nestern (bis 10 Pflanzen in engem Pflanzverband unter 0,5 m bei einer Flächengröße bis zu 2 m²) erfolgen.

Einzelmischung

Reihenmischung

Horst- und gruppenweise Mischung

Größere Gruppen verringern den Anteil der schwierig zu pflegenden Wettbewerbszone.

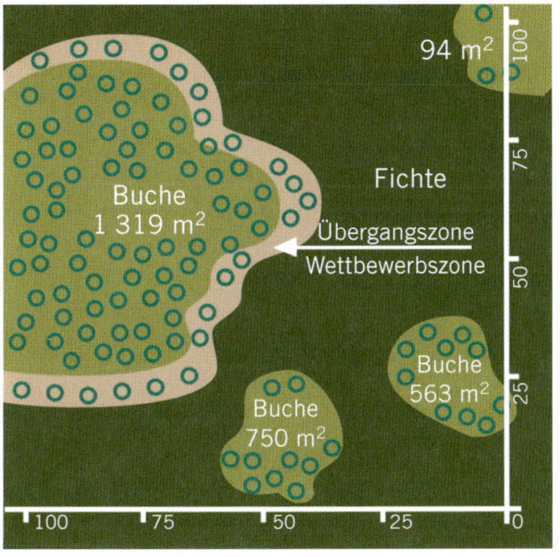

Abgrenzung von Buchen-Reinbestandeskernen in Jungwuchsfläche. Gesamtfläche der Buchen-Reinbestandeskerne 2 726 m^2.

27,3 % Mischungsanteil.

Horst- und gruppenweise Mischung

Pflanzenbehandlung

Schon drei Minuten direkte Sonneneinstrahlung auf die Feinwurzeln genügen, um ein Anwachsen zu erschweren. Es ist daher wichtig, dass die Pflanzen feucht und kühl transportiert und dunkel gelagert werden. Dazu eignet sich ein Frischhaltesack (beschichteter Kunststoffsack).

Während des Transports und der Lagerung dürfen die Forstpflanzen, insbesondere die Wurzeln, nicht austrocknen.

Einschlagen

In Gräben werden die Pflanzen schräg eingelegt und die Wurzeln mit Erde bedeckt. Die Pflanzenbündel müssen dabei wegen Überhitzungsgefahr geöffnet werden.

Einschlämmen

Die Wurzeln in ein dickflüssiges Gemisch aus Wasser und Erde (Lehm) eintauchen. Nicht wässern!

Wurzelschnitt

Zu lange Wurzeln werden knapp vor dem Setzen mit einem scharfen Werkzeug (Baumschere, Hacke, Heppe) gekürzt.

Pflanzmethoden

Wühlmethoden

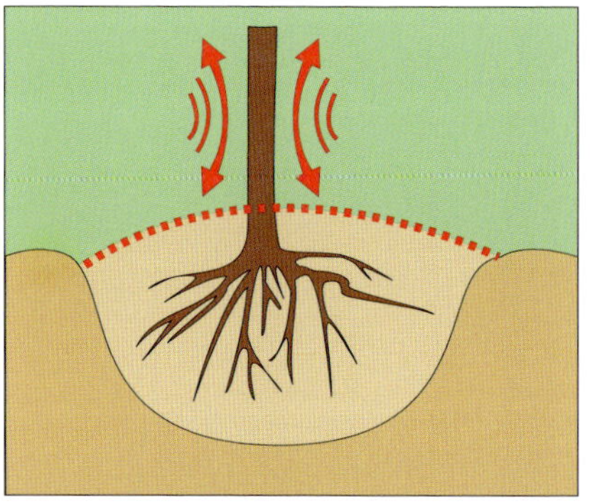

Lochpflanzung

für Heister und große Pflanzen; einrütteln und festtreten

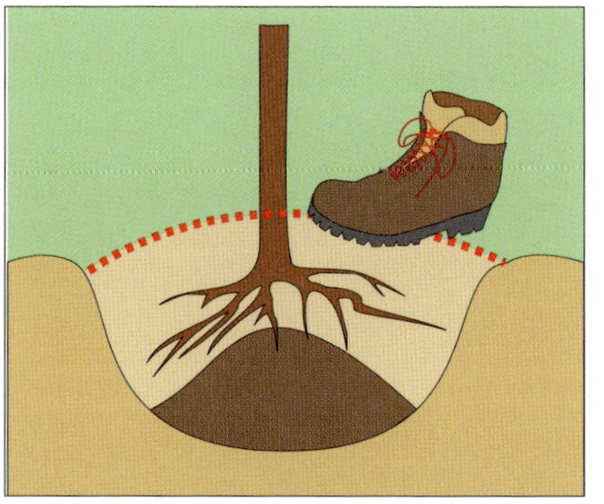

Lochhügelpflanzung

für Flachwurzler; bei kargem Boden

Das *Rhodener Verfahren* ist für Wurzeln mit größerem Umfang und einer Wurzellänge bis 28 cm geeignet. Das Verfahren kann auch auf lehmigen und steinigen Böden angewendet werden.

Werkzeug: Hartmann-Haue

Der Pflanzvorgang mit der Hartmann-Haue

1) Schlagen:

- Aufrechte Körperhaltung
- Weite Schrittstellung
- Einschlagstelle auf Höhe des vorderen Fußes
- Je nach Bodenbeschaffenheit und Wurzelgröße sind 2 bis 5 Schläge notwendig.

2) Lockern:

- Lockern des Erdreichs nach jedem Schlag durch Aushebeln der Haue nach vorn, wodurch ein Keller entsteht.
- Der zweite und dritte Schlag wird jeweils ca. 5–10 cm weiter vorn eingeschlagen und ein bisschen tiefer, bis man die gewünschte Tiefe erreicht hat. Variante: bei breiten Wurzeln zwei Schläge nebeneinander.

3) Aufreißen:

- Um das Loch zu öffnen, die Haue nach hinten drücken, bis das Hauenblatt senkrecht steht.
- Die Haue bleibt im Loch.

4) Pflanzen setzen:

4a)

- Zum Setzen die Wurzeln zusammenhalten, damit sie nicht nach oben gebogen werden.
  Niederknien.

4b)

- Die Pflanze entlang des Hauenblatts in das Loch einführen und gleichzeitig mit dem Herausziehen der Haue die Wurzel ganz in den Keller schieben.
- Das Bäumchen ist jetzt viel zu tief gesetzt.

4c)

- Lockere Erde um die Wurzeln verteilen.
- Die Pflanze anschließend gerade richten und so weit aus dem Loch herausziehen, wie sie früher im Boden war – dadurch richten sich alle Wurzeln nach unten

Fotoserie © Christian Künzi, Tuttwil, CH

Spaltmethoden

Winkelpflanzung: die am häufigsten angewendete Methode.

Häufig angewendete Methode – es ist jedoch zu beachten, dass nur kleine Pflanzen mit geringem Wurzelumfang dafür geeignet sind!

Kreuz- oder Wiedehopfhaue.
Ideal für kleinere Forstpflanzen.
Nicht geeignet für Douglasien oder Tannen.

Leistung:
300–800 Pflanzen pro Tag und Person.
Gefahr:
Wurzelverkrümmungen,
Hohlräume im Boden.

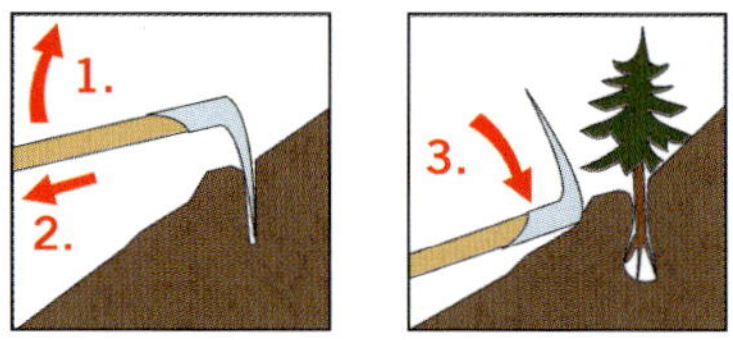

Schrägpflanzung:

für kleine Pflanzen in Hanglagen.

Werkzeug: Reisinger-Heindl.

Ballenpflanzung:

Die Pflanze wird mit einem Hohlspaten samt dem Erdballen versetzt. Nur in Einzelfällen (z. B. bei Nachbesserungen). Sonderformen: Containerpflanzen, Paper-pots u. Ä. eignen sich besonders gut für trockene und seichtgründige Standorte.

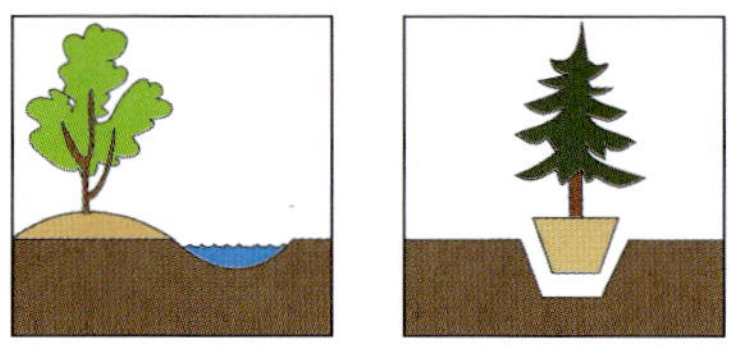

Verschiedene Containerpflanzen eignen sich besonders gut für trockene und seichtgründige Standorte. Verschiedene mechanische Methoden wie Bodenbohrer oder Minibagger finden ebenfalls Anwendung.

Durch die Erhaltung des Kapillarsystems und des Bodengefüges bei den Spaltmethoden trocknen die Pflanzen nicht so leicht aus.

Vergleich Aufforstung – Naturverjüngung

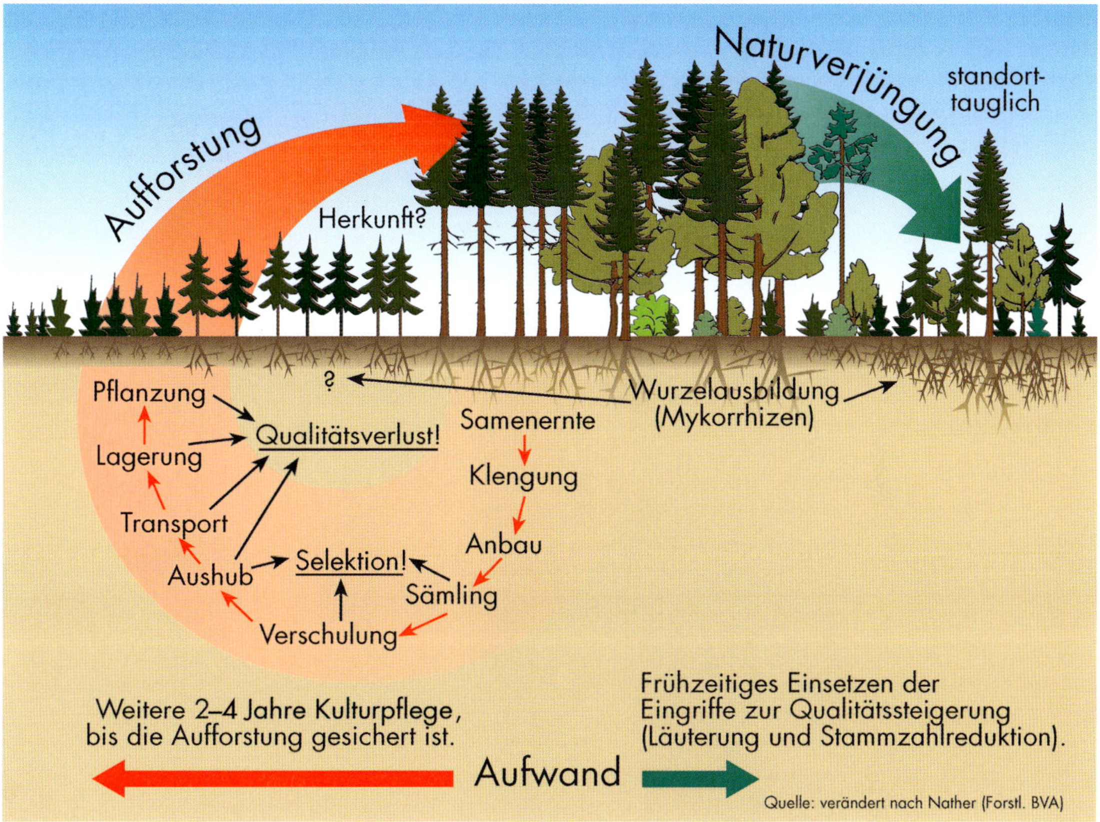

Aufgaben:

- In welchem Wuchsgebiet, welchem Herkunftsgebiet und in welcher Höhenstufe liegt Ihr Wald?
- Nennen Sie Voraussetzungen für eine Naturverjüngung.
- Welche Naturverjüngungsverfahren eignen sich für die Naturverjüngung im Bestand?
- Was ist ein Überhälter?
- Welche Überlegungen sind vor einer Aufforstung anzustellen?
- Wie kann man das Austrocknen von Forstpflanzen verhindern?
- Welche Pflanzmethoden eignen sich für große Pflanzen und Heister?
- Beschreiben Sie den Arbeitsvorgang bei der Winkelpflanzung.
- Nennen Sie Vor- und Nachteile der Spaltmethoden!
- 0,4 Hektar Kahlschlag sind aufzuforsten mit:
  40 % Fichte   30 % Ahorn-Heister   30 % Kiefer
  Wie viele Pflanzen sind von jeder Baumart zu kaufen?
  (Pflanzenverband selbst wählen)

Bestandespflege

Übersicht über die Bestandesentwicklung

Die Bestandespflege ist Voraussetzung für einen gesunden und widerstandsfähigen Wald, der alle an ihn gestellten Anforderungen nachhaltig erfüllen kann.

Ein gesunder Mischwald

Kronenschicht

Stammraum

Strauchschicht

Krautschicht

Moosschicht

Wurzelraum

Mineralboden

Kultur- und Jungwuchspflege

Schutz gegen Rüsselkäfer

Der Rüsselkäfer ist der bedeutendste Kulturschädling in Nadelholzkulturen. Er verursacht den „Plätze- oder Schartenfraß" an jungen Forstpflanzen.

Gegenmaßnahmen:

- Naturverjüngung
- Schlagruhe
- Auslegen von Fangrinden
- Vorbeugend spritzen oder tauchen
- Schutz der natürlichen Feinde

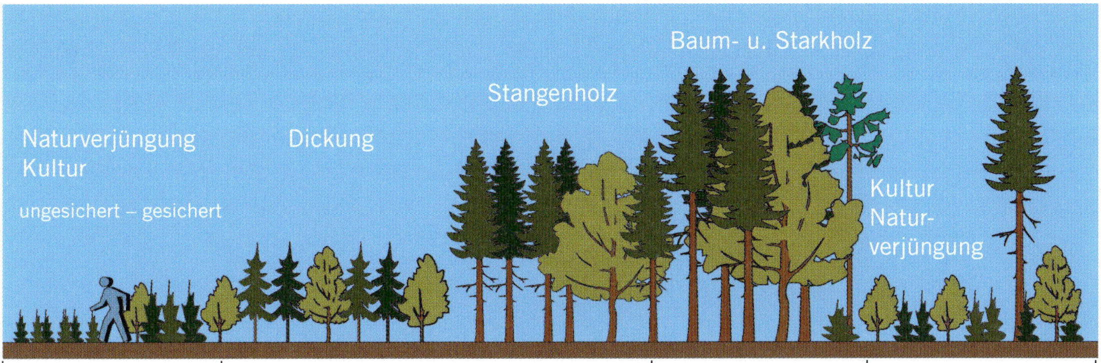

Jungwuchs- bzw. Kulturpflege	Anlegen von Rückegassen		Durchforstung	Schirm-, Femel-, Saum-, Plenter- und Kahlschlag (mit Überhälter)
	Dickungspflege (Kronenpflege Mischwuchsregulierung Stammzahlreduktion)	Durchforstung Wertastung	Pflegehiebe Vorbereitung für Naturverjüngung	
	Vornutzung		Endnutzung	
				Kultur- oder Naturverjüngung

Schutz gegen Gras und Unkräuter

Gräser und Unkräuter sowie „Unhölzer" sind Licht-, Wasser- und Nährstoffkonkurrenten für die Forstpflanzen. Es ist notwendig, die Pflanzen rechtzeitig (bevor das Gras die Baumhöhe erreicht) „auszumähen" (Geräte: Sichel, Kultursense, Freischneider usw.). Von einer chemischen Unkrautbekämpfung sollte der Waldbesitzer nur dort Gebrauch machen, wo es unbedingt erforderlich ist.

Schutz gegen Wildverbiss

Wild „verbeißt" (frisst) gern die Wipfel- oder Endknospen der jungen Forstpflanzen.
Gegenmaßnahmen:

- Verstreichen mit „Hausmittel" (Mischung aus Sand, Lehm, Mist, Leinöl und Wasser)
- Verstreichen oder Besprühen mit handelsüblichen Mitteln
- Mechanischer Knospenschutz
- Schafwolle
- Zaun
- Kulturflächen nicht großflächig ausmähen
- Naturverjüngung statt Kahlschlag
- Geregelter Wildstand, natürliches Nahrungsangebot schaffen
- „Prossholz" liegen lassen

Schutz gegen Fegeschäden

Durch das Fegen von Rehböcken und Hirschen wird die Rinde von jungen Forstpflanzen entfernt („abgewetzt").
Gegenmaßnahmen:

- Pflöcke oder Latten
- Plastikspiralen
- Baumschutzsäulen

- Mechanischer Einzelschutz (Draht)
- Zaun (nicht zu großflächig, da es sonst Probleme mit der „Wildreinhaltung“ gibt)
- Sträucher fördern
- Beim Ausmähen „Konkurrenten nur köpfen“

Nachbessern

Lücken in Naturverjüngungen und Kulturen müssen aufgeforstet werden (siehe auch Forstgesetz!). Versäumte Nachbesserungen können später nie mehr gutgemacht werden!

Möglichkeiten:

- Raschwüchsige Baumarten verwenden
- Heisterpflanzen verwenden (gruppenweise setzen)
- Ballenpflanzen aus nahe gelegenen dichten Naturverjüngungen (mit dem Hohlspaten) in vorhandene Lücken setzen; Pflanzen wachsen meist ohne Pflanzungsschock mit
- Größere (ältere) Forstpflanzen kaufen

Entzwieseln, Formschnitt

Unerwünschte Zwieselbildungen (meist eine Folge von Verletzungen, Wildverbiss oder Frost) mit einer Baumschere abzwicken.

Geeigneter Zeitpunkt: sobald die Verjüngung „gesichert“ ist.

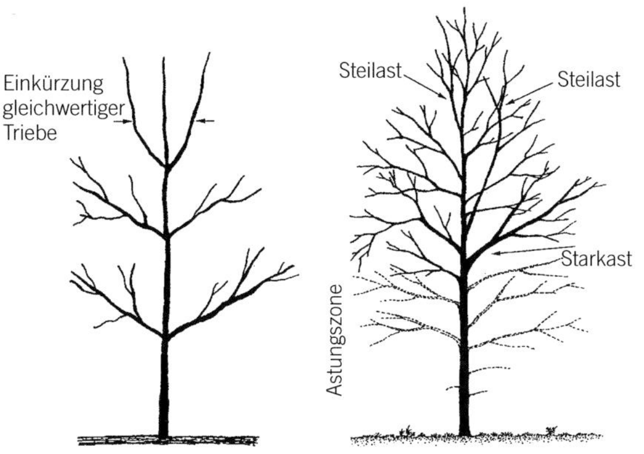

Formschnitt und Astung – Eingriffe, die gleichzeitig durchgeführt werden

Kulturdüngung

Hauptziele der Kulturdüngung sind gesunde, wuchsfreudige Kulturen und die damit verbundene Kostensenkung im Bereich der Kulturpflegemaßnahmen (wie Gras- und Wildverbissbekämpfung).

Außer diesem Zeitgewinn sind geringere Ausfälle und eine größere Widerstandskraft der Forstpflanzen zu erwähnen.

Die Kulturdüngung bringt sehr gute Erfolge auf schlechten und mittleren Standorten, sowohl auf Kalk als auch auf Urgestein. Die Problematik der größeren Jahresringbreiten im Kernholzbereich (Pilzanfälligkeit) und der höheren Kulturkosten ist zu beachten.

Möglichkeiten:

- Pflanzlochdüngung
- Obenaufdüngung
- Gründüngung (z. B. mit Dauerlupine)

> Vorsicht!
> Düngemittel nie in direkten Kontakt mit Forstpflanzen oder Wurzeln bringen!

Standraumregulierung

Besonders bei zu dicht angewachsenen Naturverjüngungen notwendig!

Werkzeuge: Hacke, Hippe, Freischneider, Kleinmotorsäge.

Ziel: Ein gesunder Bestand mit der gewünschten Baumartenmischung aus kräftigen, gut geformten und entwicklungsfähigen Bäumen.

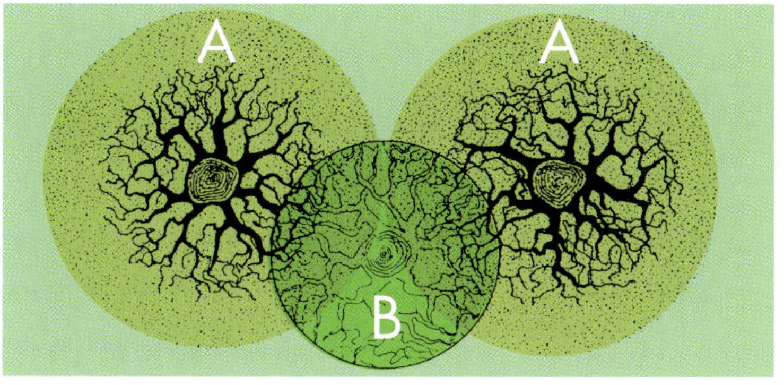

Nach einem Pflegeeingriff zusätzlich verfügbarer Wurzelraum

A: Zusätzlich verfügbarer Wurzelbereich nach einem Pflegeeingriff

B: Dieser Baum wurde bei der Standraumregulierung entfernt.

Zaunbauanleitung für Scherenzaun

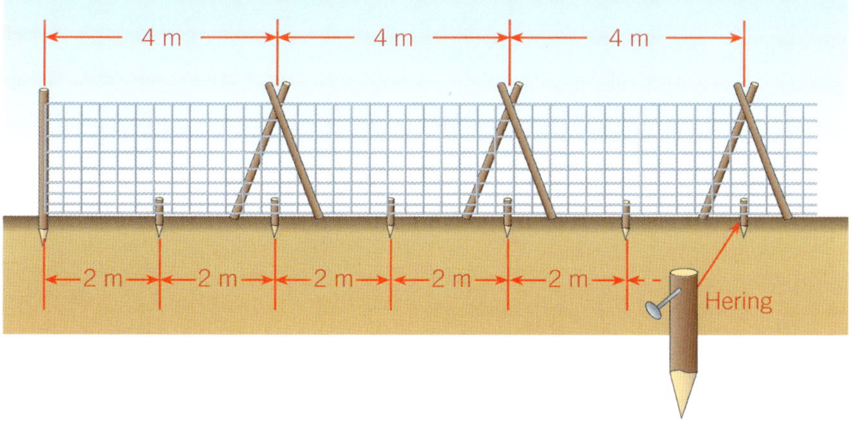

Enden mit Motorsäge einschneiden.

Material: Knotengeflecht 1,50 m hoch, 15 cm × 15 cm Maschenweite.

U-Haken (31/31): Zur Befestigung des Geflechtes an den Pfählen dürfen nur stark verzinkte U-Haken verwendet werden, sonst später Rostinfektion des Geflechts.

Pfähle (1 St. je 50 lfm): evtl. 1 St. zusätzlich an Knickpunkten des Zaunverlaufs, 2,20 m lang, 10–12 cm Durchmesser, mit Kreissäge gespitzt.

Scheren (1 St. je 4 lfm): Reisstangen aus Läuterung, 5–7 cm Abhieb, 2,20 m lang. Je zwei Scherenstangen werden 5–10 cm unterhalb ihres schwächeren Endes zusammengenagelt (10 cm lange Nägel, wenn nötig, auf der Rückseite umschlagen).

Hering (Kleinpflöcke): 1 St. je 2 lfm, 30–35 cm lang, 4–6 cm Durchmesser, gespitzt, ein Nagel (6 cm lang) unterhalb des ungespitzten Endes schräg zur Spitze einschlagen. Wegen der Haltbarkeit sollte Hartlaubholz oder Lärche verwendet werden.

Aufgaben:

- Welche Pflegearbeiten fallen in Forstkulturen an? (Vergleich mit Naturverjüngungen!)
- Welche Tiere können in Forstkulturen einen Schaden anrichten? Welche vorbeugende Maßnahmen gibt es?
- Welche Geräte eignen sich für die Kultur- und Jungwuchspflege?
- Wie lange müssen Forstkulturen und Naturverjüngungen nachgebessert werden?
- Durch welche Gegenmaßnahmen können Verbiss- und Fegeschäden verhindert werden?
- Auf welchen Böden ist eine Kulturdüngung sinnvoll?
- Wie, womit und wann soll entzwieselt werden?
- Zeichnen Sie in den Skizzen auf der rechten Seitenhälfte jene Bäume nach, die nach dem Eingriff stehen bleiben sollen.

Vor dem Eingriff　　　　Nach dem Eingriff

Schutz vor bedrängenden Unkräutern, verdämmenden Sträuchern, Vorwüchsen und Stockausschlägen, vor Hitze, Trockenheit und Frost

Entfernung schadhafter, kranker, schlecht geformter und schlecht veranlagter Bäumchen

Mischungsregulierung

Auflockerung zu dichter Verjüngungen (Bürstenwüchse)

Dickungspflege

Bei der Dickungspflege (Mischwuchsregulierung, Stammzahlreduktion, Läuterung, Säuberung) werden alle überflüssigen, schädlichen, schlecht geformten und kranken Bestandesglieder entnommen. In der Dickungsphase werden die Weichen für die Standfestigkeit, Massen- und Wertleistung des Bestandes gestellt! Der richtige Zeitpunkt des Eingriffs liegt je nach Baumart bei einer Bestandeshöhe von 2 bis 7 m.

Wo es das Gelände und die Besitzverhältnisse zulassen, sollten bereits bei der Dickungspflege Rückegassen angelegt werden – besonders dann, wenn Nutzholz in Form von Hackgut oder Brennholz aus dem Wald transportiert werden soll!

Schematische Dickungspflege

In Abhängigkeit vom Pflanzenabstand bei der Aufforstung und dem Zeitpunkt des Eingriffs wird jede 2. oder 3. Reihe herausgeschnitten; bei Naturverjüngungen 1 bis 2 m breite Gassen in 2 bis 5 m Abstand anlegen.

Selektive Dickungspflege

Für eine gezielte Pflege in Mischwäldern ist eine selektive Dickungspflege besser geeignet! Bereits in früher Jugend erfolgt eine Auslese nach Qualität, Baumart und Standfestigkeit. In Mischwäldern mit Laubholz ist zu unterscheiden, ob Laubbäume einzeln oder in Gruppen vorkommen.

Einer zeitgerechten Stammzahlreduktion soll der Vorzug gegenüber einer verspäteten Erstdurchforstung gegeben werden! Damit läuft der Waldbesitzer der Waldpflege nicht immer hinterher, sondern er stellt rechtzeitig die Weichen für eine zukunftsorientierte Bestandesentwicklung.

Rückegassen

- Auf Gelände und Abtransport achten, Rückegassen können auch entlang der Besitzgrenze verlaufen
- Kurven vermeiden, bestehende alte Wege möglichst einbinden
- Spitzer Ausfahrwinkel zur Forststraße

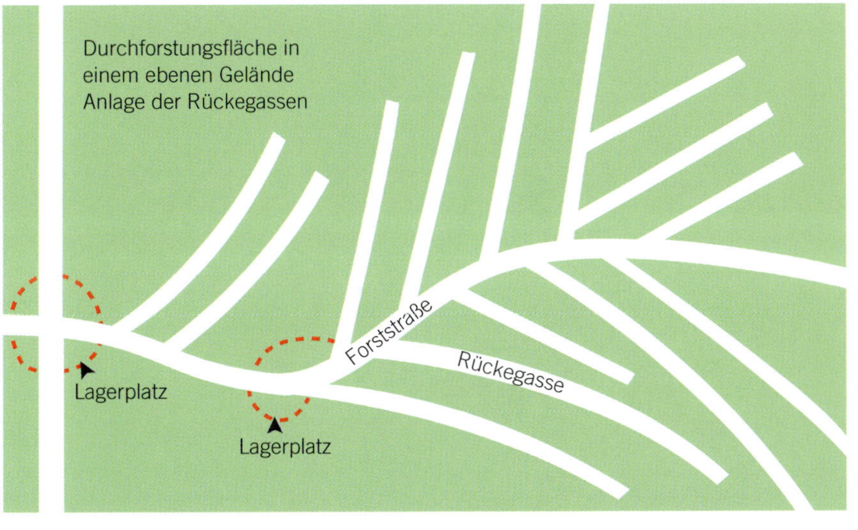

Schematische Entnahme in Reinbeständen:

1 bis 3 m breite Gassen in 2 bis 5 m Abstand oder jede 2. oder 3. Reihe entnehmen

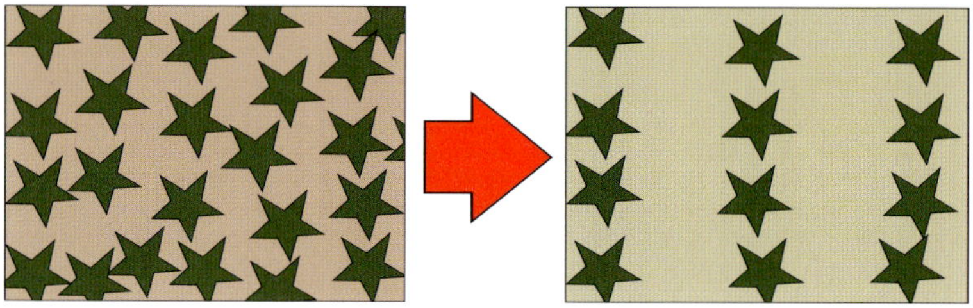

- Breite der Gasse: je nach Rückemittel 3 bis 5 m
- Abstand zwischen den Gassen: 20 m (ideal bei Harvestereinsatz) bis 30 m
- Schutz der Randbäume mit „Abweispflöcken“, Steinen, Reisig oder mit Bäumen am Rand der Rückegasse, die in 50 bis 60 cm Höhe abgeschnitten werden und als „Abweiser“ dienen.

Rückegassen erleichtern die Waldpflege, schonen den Bestand und erhöhen die Wirtschaftlichkeit. Im Kleinwald besteht die Möglichkeit, dass zwei Besitzer von schmalen Parzellen („Hosenträger“- oder Riemenparzellen) gemeinsam an der Grundgrenze eine Rückegasse anlegen (Geländeneigung beachten).

Durchforstung

Durchforsten bedeutet, den möglichen Zuwachs auf eine ausreichende Zahl wertvoller Bäume zu lenken! Die Durchforstung muss zeitgerecht durchgeführt werden! Nur Dürrlinge und unterdrückte Bäume entfernen ist keine Durchforstung, sondern eine Leichenbestattung oder Entrümpelung.

Laubholz dominiert

Laubholz im Minimum

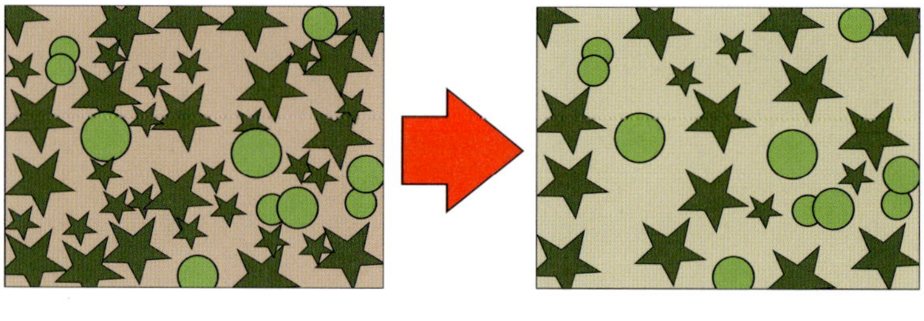

Auslesende Entnahme in Mischbeständen

Ziele der Durchforstung

Richtige Durchforstung fördert:

- die Standfestigkeit, hebt die Widerstandskraft des Bestandes gegen Schnee-, Sturm-, Insekten- und Umweltschäden.
- den Qualitätszuwachs; es tritt eine Bestandeswerterhöhung ein, da alle kranken und untauglichen Bäume, alle Dürrlinge und unerwünschten Arten entnommen werden.
- den Massenzuwachs beim Einzelbaum (man erhält stärkere Durchmesser in kürzerer Zeit).
- dienende Baumarten.
- die Bildung einer Krautschicht. Dadurch kann es zu einer Bodenverbesserung kommen. Auch das Wild profitiert davon – die Wildschäden gehen zurück.
- das Bodenleben (Streuzersetzung ...).

Die Auszeige

Vor einer Durchforstung, also vor dem Arbeiten mit der Motorsäge, soll sich der Waldbesitzer für das Markieren der Bäume genügend Zeit nehmen! Je nach Durchforstungsart werden entweder jene Bäume markiert, die stehen bleiben, oder jene, die entnommen werden sollen.

Womit wird markiert?

- Farbe (Kalk) oder Bänder (Papierbänder) für die Z-Stämme.
- „Plätzen" der zu entnehmenden Bäume mit der Hacke. (Vorher genau überlegen: Was bleibt stehen – was wird herausgeschnitten?)

H/D-Wert

$$\text{H/D-Wert} = \frac{\text{Baumhöhe in cm}}{\text{Brusthöhendurchmesser in cm}}$$

Richtwerte für die Standfestigkeit der Nadelbäume in Schneebruchgebieten:

H/D-Wert bis 80 (grüne Krone mehr als $^1/_2$): (z. B. 18 m hoch und mehr als 22 cm BHD)	standfest, mögliche Wipfelbrüche heilen aus
H/D-Wert 80 bis 90: (z. B. 18 m hoch und 20 bis 22 cm BHD)	weniger standfest, nicht ausheilende Wipfelbrüche möglich
H/D-Wert 90 und mehr (grüne Krone weniger als $^1/_3$): (z. B. 18 m hoch und bis 20 cm BHD)	zunehmend labil, geringe Chancen, in den Endbestand zu kommen

Durchforstungsarten

Hochdurchforstung – Auslesedurchforstung

Eingriff in die Oberschicht („Hochdurchforstung"); frühzeitige Auswahl („Auslese") der besten Bäume (= „Z-Bäume oder Zukunftsbäume") nach folgenden Kriterien:

- Gesundheitszustand (Vitalität)
- Standfestigkeit (Stabilität, H/D-Wert)
- Baumartenverteilung (Mischwald)
- Qualität
- Standraum (je nach Baumart)

Wo?
- Grundsätzlich in allen Beständen – egal ob Nadel-, Laub- oder Mischwald.

Wann?
- Nadelholz: ab 3 bis 5 m Dürrastzone
- Laubholz: ab 6 bis 10 m astfreiem Schaft

Wie?
- Rückegassen anlegen (falls noch nicht vorhanden)
- Auswahl und Markieren der Z-Stämme (bei Fichte 300 bis 500, bei Buche 100 bis 200, bei Kiefer 200 bis 300, bei Lärche 200 bis 300 St./ha)
- Markieren der „Bedränger" (wird durch vorangegangenes Markieren des Z-Baums wesentlich erleichtert)
- mit der Motorsägenarbeit beginnen

Wie oft?
- Sobald die Krautschichte verschwunden ist.
- Wenn das Kronendach wieder geschlossen ist.
- Sobald sich die grüne Krone „verkürzt" (Verschlechterung des Verhältnisses Dürrastzone zu grüner Krone).
- Bei einem Ansteigen des H/D-Werts!

Der durchschnittliche Abstand der Z-Bäume ist abhängig von der Baumart, der Standortgüte und der angestrebten Umtriebszeit. In Mischbeständen sind die durchschnittlichen Abstände zu kombinieren.

Abstand der Z-Bäume	Standraum-anspruch (m)	Z-Bäume im Endabstand (je ha)	angestrebte Zahl der Bäume im Endbestand (je ha)
Fichte, Tanne	4–6	20–25	300–500
Lärche, Kiefer	6–8	35–40	200–300
Douglasie	6–8	30–40	200–400
Rotbuche	8–12	60–80	100–150
Eiche	10–14	80–100	100–150

Z-Bäume müssen nicht gleichmäßig verteilt sein. Es können auch auf engerem Raum mehrere Z-Bäume beisammenstehen – benachbarte Z-Bäume haben dann einen größeren Abstand. Die Z-Baum-Markierung bringt nicht nur Vorteile für eine richtige Auszeige, sondern bewahrt auch so manchen Zukunftsbaum vor Beschädigungen bei der Holzernte!

Auslesedurchforstung im Mischwald

Z = Baum

E = Entnahme

In Beständen, die auf früher landwirtschaftlich genutzten Böden stehen, sollte stärker eingegriffen und die Umtriebszeit verkürzt werden. Eine Entwertung des Holzes durch die Rotfäule wird auf diese Weise verringert.

Niederdurchforstung

Bei der Niederdurchforstung wird fast nicht in die Kronenschicht eingegriffen, sondern es werden nur unterdrückte, kranke, fast abgestorbene Bäume und Dürrlinge entnommen. Diese im bäuerlichen Kleinwald weitverbreitete Methode („Leichenbestattung", „Entrümpelung") führt zu keiner Erhöhung der Stabilität und zu keiner Wertsteigerung des Bestandes.

Richtiger Zeitpunkt für die Durchforstung

Wurde der richtige Zeitpunkt für eine Durchforstung versäumt, ist auf die verminderte Stabilität des Bestandes besonders Rücksicht zu nehmen (H/D-Wert-Beurteilung) und nach dem Grundsatz „mäßig, aber regelmäßig" einzugreifen!

Nachstehende Abbildung gibt einen Überblick über den richtigen Zeitpunkt der Pflegemaßnahmen:

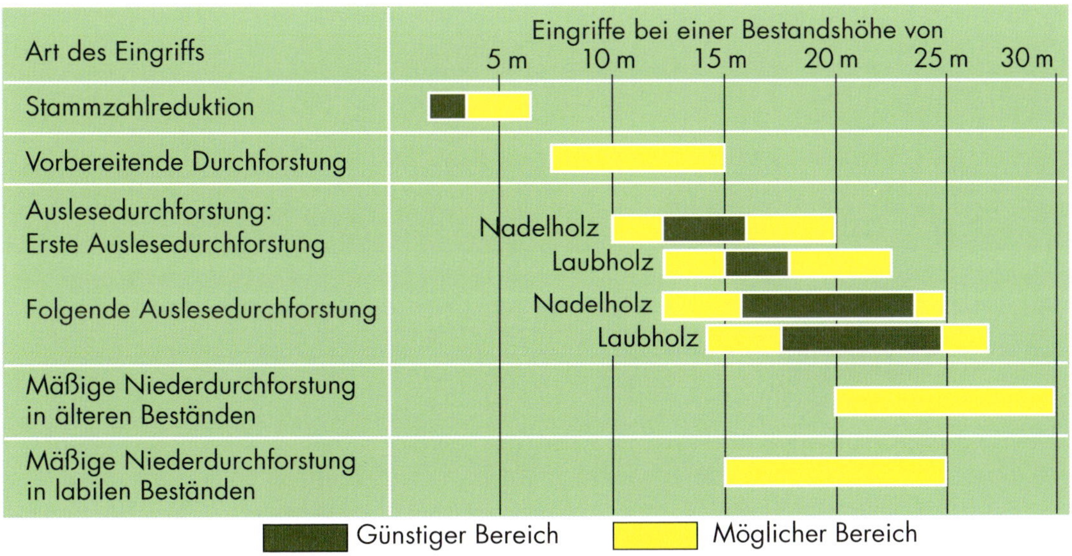

Weitere Durchforstungsarten:

- Lichtwuchsdurchforstung
- Strukturdurchforstung

Aufgaben:
- Wann und wie sollen Rückegassen angelegt werden?
- Wie können Randbäume entlang einer Rückegasse geschützt werden?
- Was ist der Unterschied zwischen schematischer und selektiver Dickungspflege?
- Ziele der Durchforstung
- Durchforstungsarten
- Berechnen Sie den H/D-Wert für:
  a) Fichte: 20 m Höhe; 26 cm Brusthöhendurchmesser (BHD)
  b) Fichte: 20 m Höhe; 18 cm Brusthöhendurchmesser
- Wie ist die Standfestigkeit der beiden Fichten zu beurteilen?
- Was ist der Unterschied zwischen Nieder- und Auslesedurchforstung?
- Wie wird eine Auslesedurchforstung ausgezeigt?
- Ziehen Sie in den Zeichnungen auf der rechten Seitenhälfte nach, was nach der Durchforstung stehen bleibt!

Vor dem Eingriff | Nach dem Eingriff

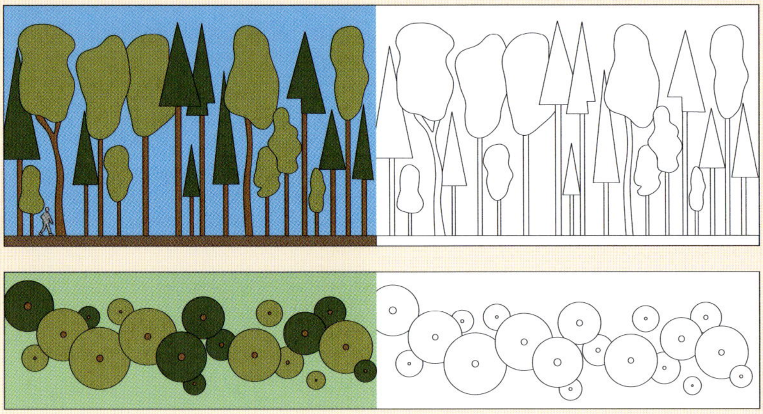

Laubholzwaldbau

Unterschiede des Laubholzes zum Nadelholz

- Preisunterschied zwischen schlechten und sehr guten Qualitäten ist bei Laubholz enorm (Spitzenpreise bei Versteigerungen mehrere 1 000 €/fm).
- Nur starkes Holz erzielt hohe Preise: Mindestdurchmesser bei den meisten Laubbaumarten für Wertholz um 50 cm.
- Volumenzuwachs und Blochholzanteil bei Nadelholz deutlich höher; Ertrag des Laubholzes vor allem vom Wertholzanteil abhängig.
- Nadelholz ohne Pflege wächst mit hohem Risiko zu Blochholz, Laubholz ohne Pflege wird fast immer nur Brennholz.

Voraussetzungen für Wertlaubholz:

- Fehlerfrei: keine Äste, gerade, gesund
- Mindestdurchmesser: Dies kann nur durch relativ kurze astfreie Stämme (1/4 bis 1/3 der Endbaumhöhe) und großen Kronen erreicht werden. Aufgrund der großen Kronen sind nur rund 80 Z-Bäume je Hektar möglich.
- Relativ kurze Umtriebszeiten (Ausnahme Eiche), da sonst die Gefahr von Farbfehlern (Buche, Esche) oder Fäulen (Erle, Kirsche) sehr stark zunimmt:

  Esche, Kirsche, Ahorn, Nuss: 60–80 Jahre

  Buche: 90–110 Jahre

  Erle, Birke: 40–50 Jahre
- Gute bis sehr gute Standorte: Für ein gutes Wachstum benötigen die meisten Baumarten (wiederum mit Ausnahme der Eiche) eine sehr gute Wasser- und Nährstoffversorgung sowie einen tiefgründigen Boden. Ideal für die meisten Laubbaumarten sind Mittel- bis Unterhänge. Fast alles Wertlaubholz ist unterhalb von 800 m Seehöhe zu finden.

Nur solche Baumarten einbringen, die am jeweiligen Standort ein gutes Wachstum erwarten lassen.

- Konsequent durchgeführter Waldbau: rechtzeitig durchgeführte Maßnahmen
- Sehr gute genetische Qualität des Pflanzmaterials bzw. der Mutterbäume

2-Phasen-Waldbaumodell für Laubholz

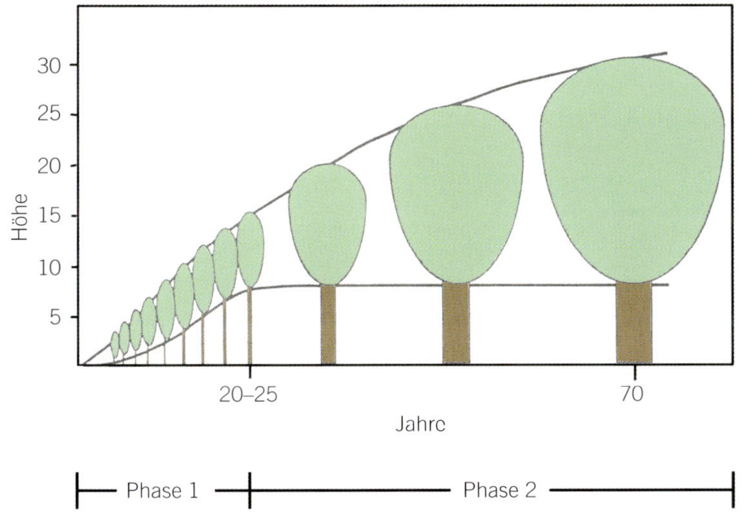

1) Qualifizierung = Erzielung einer astfreien Stammlänge von ca. 6–8 m (Zeitraum 15–25 Jahre):

In diesem ca. ersten Viertel der Umtriebszeit entscheidet sich die Qualität.

Die notwendige Astreinigung kann durch den Dichtstand oder/und durch künstliche Astung erreicht werden. Im Unterschied zum Nadelholz soll daher in dichten Laubholzverjüngungen **keine Stammzahlreduktion** durchgeführt werden, da sonst die Astreinigung unterbrochen wird. Bäumchen werden nur dann entfernt, wenn sie zukünftige Z-Baum-Anwärter in ihrer Entwicklung gefährden (z. B. Z-Bäume werden von schlechten Bedrängern überwachsen). In vielen dichten Edellaubbaumbeständen ist in dieser Phase überhaupt keine Pflege notwendig.

Bei geringen Stammzahlen (z. B. Weitverbände unter 2 000 St./ha oder lückigen Naturverjüngungen) muss bald mit Formschnitt und Astung begonnen werden. Diese Maßnahmen sollen sich auf ca. 200 Stämmchen mit hoher Vitalität und besserer Qualität beschränken. Um keine zu großen Astungswunden hervorzurufen, sollen Aststärken von 2–3 cm (Eiche 3–5 cm) nicht überschritten werden. Besonders Zwiesel sind sehr bald zu entfernen.

2) Dimensionierung = kontinuierliche Freistellung der Z-Bäume zur Steigerung des Durchmesserwachstums

Ist die astfreie Stammlänge erreicht, werden in einem Abstand von 12 m (9–15 m) die Z-Stämme ausgewählt und markiert. Diese müssen frei von Fehlern sein (astfrei, gerade, keine Beschädigungen, keine Neigung zu Wasserreisern) und eine ausbaufähige Krone aufweisen (hohe Vitalität). Im Zweifelsfall eher einen Baum mit kürzerer astfreier Stammlänge (4–5 m) auswählen als einen Baum mit zu geringer Vitalität.

Um diesen Z-Baum sind alle Bäume zu entnehmen (2–8 Stück), die die Krone des Z-Baums in der Entwicklung beeinträchtigen. Nur wenn eine besondere Gefahr von Wasserreisern vorliegt, kann der erste Eingriff etwas vorsichtiger durchgeführt werden. Jedenfalls müssen aber so viele Bäume entfernt werden, dass keine starken Äste an der Kronenbasis der Z-Stämme absterben. In den Zwischenfeldern zwischen den Z-Bäumen werden keine Eingriffe durchgeführt.

Meistens ist in zwei Jahren eine erneute Freistellung der Z-Bäume erforderlich (ca. drei Eingriffe in den ersten zehn Jahren der Dimensionierung). Später sind dann deutlich weniger Durchforstungseingriffe notwendig. Bei ungefähr der Hälfte der Umtriebszeit bleiben dann in der Oberschicht nur noch die Z-Bäume übrig.

Die Ernte der reifen Bäume soll abgestimmt auf die jeweiligen aktuellen Laubholztrends erfolgen. Da die Bäume aufgrund ihrer großen Krone eine hohe Stabilität aufweisen, kann die Nutzung auch einzelbaumweise erfolgen.

Häufigste Fehler:

- Auswahl von Z-Bäumen mit zu geringer Vitalität. Diese haben auch nach Freistellung nur ein sehr geringes Wachstum.
- Zu viele Z-Bäume: Z-Baumabstand soll rd. 12 m (eher mehr) betragen.
- Zu später Beginn der Freistellung der Z-Bäume
- Zu wenig konsequente Freistellung der Z-Bäume
- Zu schlechte Standorte (z. B. Ahorn auf seichtgründigem Oberhang)

Wertastung

Die Aufastung (Wertastung) der Zukunftsbäume auf Bloch- oder Doppelblochlänge bringt eine Wertsteigerung des Stammholzes. Für spätere Durchforstungseingriffe ist sie darüber hinaus eine Markierung der Z-Bäume.

Für die Wertastung kommen gutwüchsige, gesunde 20- bis 30-jährige Bestände mit einem BHD von 12 bis maximal 20 cm (= circa 1/3 der Zielstärke) infrage, die vor Schälschäden durch Rotwild sicher sein sollten. Es werden nur die Zukunftsstämme aufgeastet. Diese Stämme müssen vollkommen gesund und geradschaftig sein und eine tadellose Kronenform besitzen. Die Astung darf nur mit feinzahnigen Sägen außerhalb der Saftzeit vorgenommen werden. Dabei werden die Äste, ohne die Rinde zu verletzen, knapp am Astansatz abgeschnitten (abgesägt).

Bester Zeitpunkt: unmittelbar vor Beginn der Vegetationszeit.

Wundverschlussmittel werden bei Grünastung empfohlen.

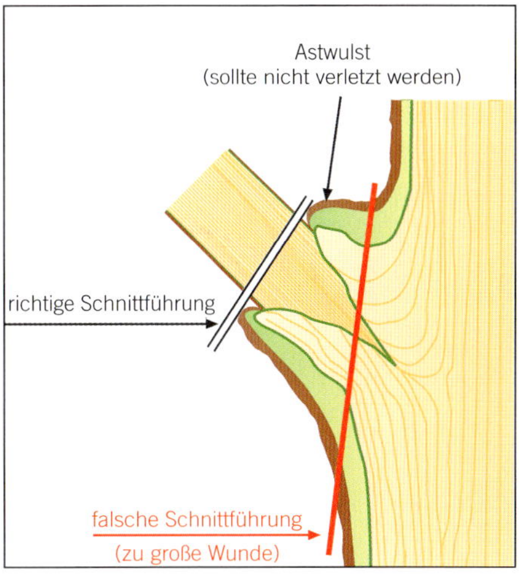

Schnittführung bei der Wertastung

Äste nicht mit der Axt oder der Motorsäge entfernen!
Bei Douglasie und Laubhölzern ist Grünastung möglich.

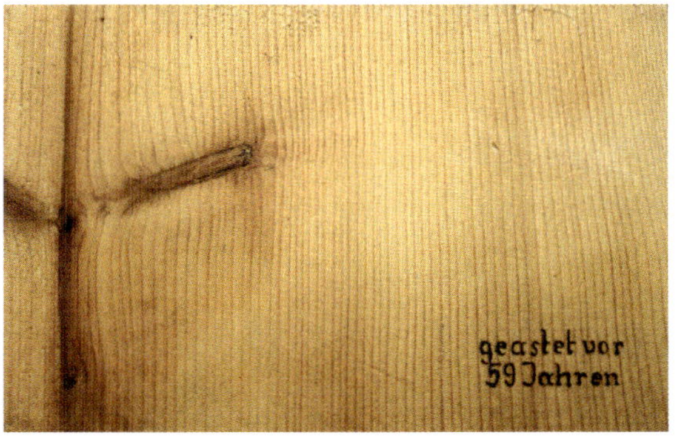

Der astfreie Mantel muss mindestens ²⁄₃ des Durchmessers betragen.

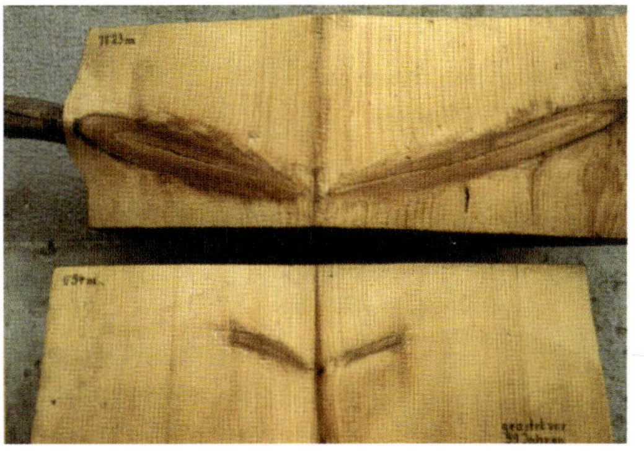

Oben: Nicht geastet

Unten: Geastet

Aufgaben:

- Bis zu welchem BHD ist es wirtschaftlich, eine Wertastung durchzuführen?
- Welche Geräte eignen sich für die Wertastung?
- In welchen Beständen ist eine Wertastung sinnvoll?

Bestandesdüngung

Grundsätzlich sollte für eine Walddüngung das Gleiche wie für die Landwirtschaft gelten: „Keine Düngung ohne Bodenprobe!“

Besonders im Zusammenhang mit dem Waldsterben und der Bodenversauerung erhält die Walddüngung wieder eine größere Bedeutung.

Die Ausbringung kann im ebenen Gelände mittels eines Turbostreuers, Gebläses oder eines Kreiselstreuers erfolgen.

Einleitung der Naturverjüngung

20 bis 30 Jahre vor der Schlägerung soll durch entsprechende Maßnahmen (siehe Kapitel „Verjüngung des Waldes“) die Naturverjüngung eingeleitet werden. Zeitgerecht an einen Mischwald denken!

Aufbau und Pflege eines Waldrandes

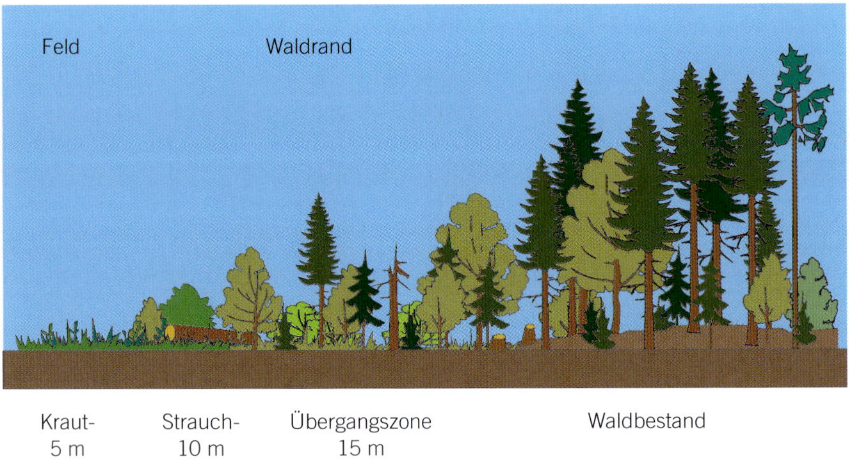

Aufbau eines Waldaußenrandes

Mindestbreite 10 m (je trockener der Boden, desto breiter)

- Keine geometrischen Formen (buchtig) – nicht gleichmäßig breit
- Sturmfeste Traufbäume
- Kleinstrukturen erhalten (Haufen mit örtlichem Gestein; Totholz; Reisighaufen; fruchttragende Bäume und Sträucher u. v. m.)
- Artenvielfalt fördern und erhalten
- Einzelstammentnahmen
- Sträucher in unregelmäßigem Abstand „auf den Stock setzen“
- Im Sinne einer „Verbundfunktion“ nur Teile des Randes bearbeiten

Forstschutz

Nur gesunde Wälder können alle von ihnen erwarteten Funktionen erfüllen. Forstschutz hat die Aufgabe, Schädigungen zu erkennen und zu verhindern.

Umweltschäden

Der Wald war und ist gefährdet. Die genauen Ursachen und Zusammenhänge von Waldschädigungen sind oft nur schwer zu erforschen. Geschwächt vom „sauren Regen“, von mangelnder Pflege und der Luftverschmutzung sind unsere Bäume allen weiteren Schädigungen (Hitze, Frost, Sturm, Niederschlagsrückgänge, Pilze, Insekten – manche neu eingeschleppt – usw.) ungeschützt preisgegeben! Die Klimaveränderungen (Temperaturanstiege, Niederschlagsdefizite, geänderte Niederschlagsverteilungen u. v. m.) sollten bei der Baumartenwahl berücksichtigt werden.

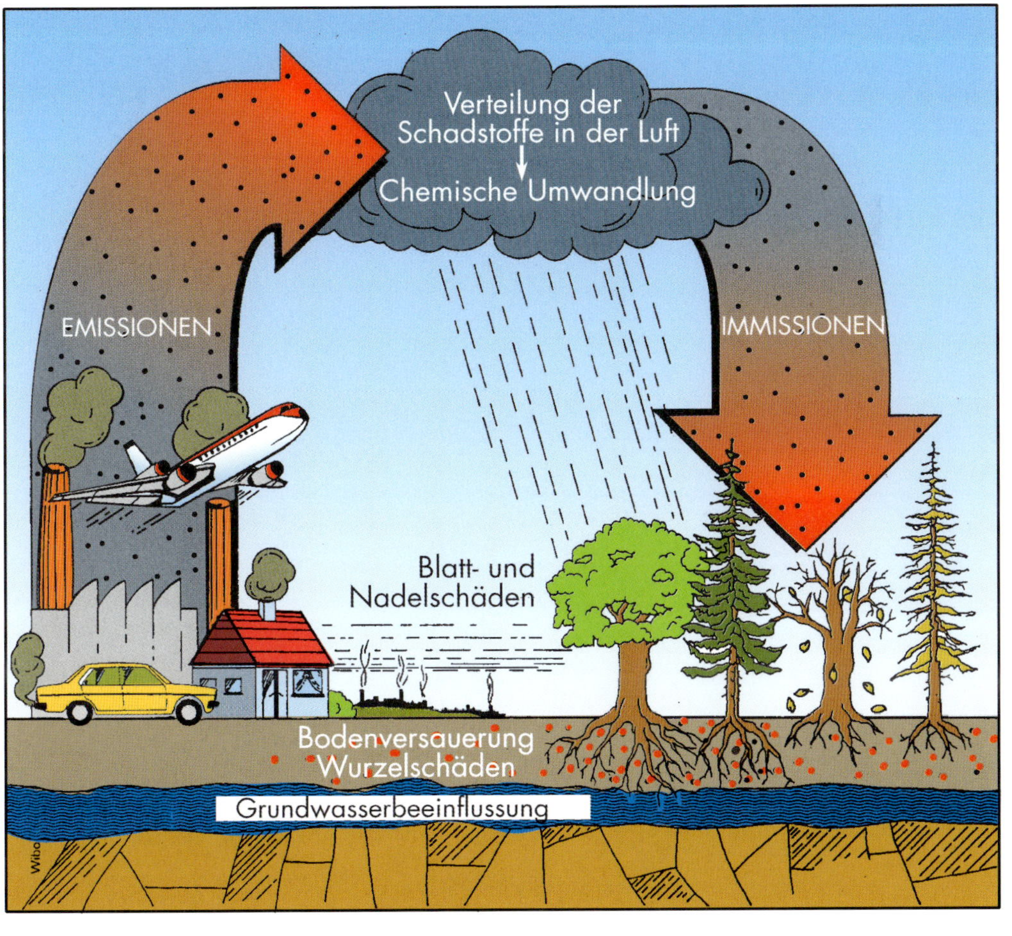

Durch Umweltschutzmaßnahmen der Industrie, durch technische Verbesserungen bei Kraftfahrzeugen und Öfen konnte in den 1990er-Jahren der Schadstoffausstoß beim Schwefel stark verringert werden. Alle Maßnahmen im Zusammenhang mit dem Klimabündnis trugen ebenfalls zur Verbesserung des Waldzustands bei.

Geschädigte Bäume verlieren häufig frühzeitig ältere Nadeljahrgänge! Bei fortschreitender Erkrankung verlieren Nadelbäume oft schon nach zwei oder drei Jahren ihre Nadeln! Hitze, Frost, Nährstoffmangel und schädliche Forstinsekten tragen häufig zusätzlich zu einer Verschlechterung des Kronenzustands bei.

Aus der Entfernung fallen erkrankte Fichten hauptsächlich durch schüttere, durchsichtige Kronen auf.

Symptome des Waldsterbens – das Krankheitsbild bei der Fichte (Verlichtungsstufen)

Kronenverlichtungen können sowohl bei Nadel-, als auch bei Laubbäumen beobachtet werden!

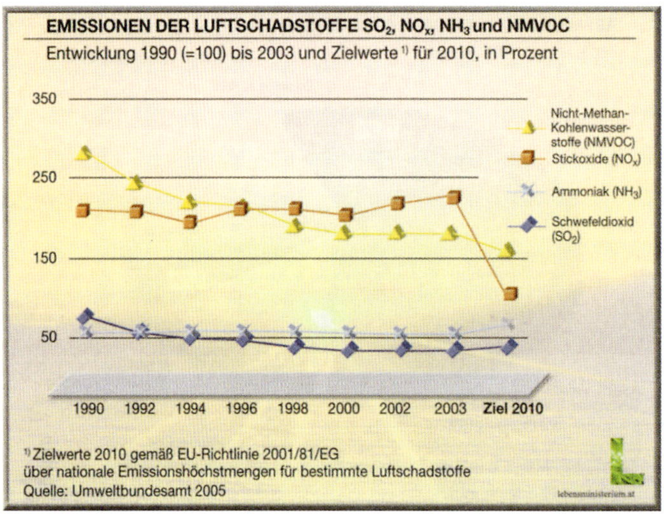

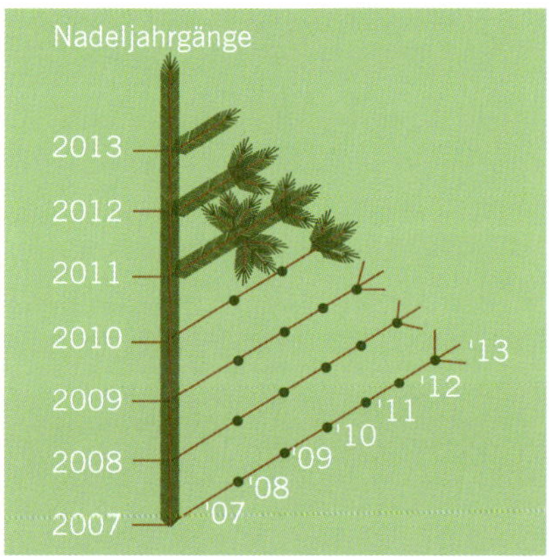

Geschädigte Bäume verlieren ihre Nadeln oft schon nach 2 oder 3 Jahren

Jeder Einzelne kann und muss seinen Beitrag zur Verbesserung der Luft und der gesamten Umwelt leisten! Energiesparen im Haushalt, Verkehr und in allen Sparten der Wirtschaft ist der beste Umweltschutz!

Aufgaben:

- Welche Möglichkeiten hat der Waldbesitzer, Umweltschäden zu verhindern?
- Welche Folgen hat der Klimawandel für unsere Waldbäume?
- Was versteht man unter Kronenverlichtung?
- Welche Möglichkeiten hat jeder Einzelne, einen Beitrag zur Verbesserung der Umweltsituation und zur Verhinderung des Waldsterbens zu leisten?
- Nennen Sie Folgen des Waldsterbens!

Witterungsschäden

Schäden durch Wind und Sturm

Bodenabtragung, Windwurf und Windbruch können zu argen Ertragseinbußen führen.

Vorbeugende Maßnahmen:

- Standortgemäße Baumarten
- Mischen von Tief- und Flachwurzlern
- Fachgerechte, ordentliche und regelmäßige Waldpflege (z. B. Dickungspflege, Durchforstungen ...)
- Geschlossene Bestandesränder („Trauf" durch kräftige, frühzeitige Eingriffe)
- Schlägerungen gegen die Hauptwindrichtung
- Keine großen Kahlschläge

Hitzeschäden

Bodenaustrocknung, Absterben der Jungpflanzen und Rindenbrand sind meist eine Folge von waldbaulichen Fehlern.

Vorbeugende Maßnahmen

- Natürliche Verjüngung unter Schirm
- Keine Kahlschläge
- Richtige Baumartenwahl
- Bestandesränder nicht aufasten
- Humusschichte als Feuchtigkeitsspender im Wald erhalten

Schnee- und Raureifschäden

Schnee- und Raureifschäden treten durch übermäßige Belastung der Baumkronen mit Schnee oder Eis auf.

Vorbeugende Maßnahmen:

- Fachgerechte Jungwuchs- und Dickungspflege
- Einseitige Kronenbildung vermeiden
- Standorttaugliche Forstpflanzen verwenden
- Gefährdete Bestandesränder durch frühe Eingriffe kräftigen
- Kulturen im Herbst von Gras befreien

Frostschäden

Arten:

- Barfrost (tritt im Winter auf)
- Frühfrost (im Herbst)
- Spätfrost (im Frühjahr)
- Frostrisse (Frostleisten)

Vorbeugende Maßnahmen:

- Auf feuchten Böden nicht im Herbst auspflanzen
- Frostharte Forstpflanzen verwenden
- Beim Pflanzenkauf Herkunft beachten
- Keine Kahlschläge, sondern Verjüngung unter Schirm

Aufgaben:

- Wo und warum treten Hitzeschäden auf?
- Welche Baumarten sind besonders durch Schnee und Raureif gefährdet?
- Nennen Sie vorbeugende Maßnahmen gegen Schneeschäden!
- Gibt es Möglichkeiten, Schäden durch Wind und Sturm im Wald zu vermindern?
  Wenn ja, welche?
- Welche Frostschäden gibt es?

Im Spätherbst erscheinende Fruchtkörper des Hallimasch

Pilzschäden

Hallimasch

Der Hallimasch wächst in den Wurzeln von Laub- und Nadelholz. Das Myzel (= fadenförmige „Wurzel" des Pilzes) durchzieht das Kambium im Anfangsstadium mit weißen Fäden, später mit derben dicken Bändern.

Die Fruchtkörper erscheinen im Spätherbst in Form der gestielten, essbaren Hutpilze!

Geschädigt können Bestände aller Altersklassen werden. Der Baum stirbt von der Spitze her ab. Bei jungen Nadelbäumen tritt starker Harzfluss auf.

Vorbeugende Maßnahmen:

Begründung von laubbaumreichen Mischbeständen

Rotfäule

Der Rotfäulepilz (Wurzelschwamm) verursacht insbesondere bei Fichte und anderen Nadelhölzern die Rotfäule, eine technische Holzentwertung. Das Myzel durchdringt das Holz, um später stammaufwärts vorzudringen – bei der Fichte ein bis zwei Blochlängen hoch.

Merkmale:

- Stamm klingt beim Anklopfen hohl
- Hohe Wurzelanläufe
- Sichtbare Verletzungen
- Harzfluss
- „Flaschenförmiger" Stammfuß

Rotfäule

Die Infektion erfolgt meist an Wundstellen (Fällungs- und Rückeschäden, Schälschäden).

Erstaufforstungen sind besonders anfällig.

Vorbeugende Maßnahmen:

- Fichte nur in ihrem natürlichen Verbreitungsgebiet aufforsten
- Rindenverletzungen vermeiden
- Wunden sofort mit Wundverschlussmittel behandeln

Bläue

Tritt vorwiegend bei frisch geschlägertem Kiefernholz auf; es erfolgt ein Verblauen des Holzes (keine technische Entwertung, sondern ein wertmindernder Schönheitsfehler).

Schlechte Lagerung kann auch bei anderen Holzarten zur Verblauung führen.

Vorbeugende Maßnahmen:

- Kiefer nur im Winter schlägern (außerhalb der Saftzeit)
- Holz luftig lagern
- Rasche Holzabfuhr aus dem Wald

Rotstreif

Rotstreif tritt nach Verwundung des Stammes und bei schlecht gelagertem Nadelholz auf (sowohl Rund- als auch Schnittholz).

Vorbeugende Maßnahmen:

- Luftige Lagerung
- Rasche Holzabfuhr

Bläuepilz

Aufgaben:

- Welchen Schaden verursacht der Hallimasch?
- Wodurch erkennt man die Rotfäule am stehenden Baum?
- Wie soll geschlägertes Holz behandelt werden?
- Durch welche Maßnahmen kann die Bildung von Blaufäule verhindert werden?
- Wie kann die Rotfäule verhindert werden?

Schäden durch Gras und Unkräuter

Die mechanische Unkrautbekämpfung ist der chemischen vorzuziehen. Die Verwendung von Kultursense oder Freischneider hat sich bewährt.

Vorbeugende Maßnahmen:

- Vermeidung von Kahlschlägen
- Gezielte Vorbereitung der Naturverjüngung
- Rasche Verjüngung kahler Flächen
- Verwendung von größeren Forstpflanzen (Heisterpflanzen bestens geeignet)
- Rechtzeitige Kulturpflege

Insektenschäden

Durch Fehler der Waldbesitzer (wie schlampige Waldbewirtschaftung – oft liegt das Windbruch- und Schneebruchholz jahrelang im Wald herum), Umweltschäden und günstige Witterungsverhältnisse können Massenvermehrungen schädlicher Forstinsekten auftreten. Der Rückgang der natürlichen Feinde (Singvögel, Ameisen usw.) trägt das Seine zur Entwicklung bei!

Fichtengallenlaus

An Fichten verursacht der Lausbefall ananasartige Gallen an der Zweigbasis oder am Ende des Triebes. In den 1 bis 2 cm großen Gallen entwickeln sich die Jungläuse.

Die Triebe wachsen durch – sie weisen jedoch Knickungen auf und können absterben. Wirtschaftlich meist unbedeutend.

Kleine Fichtenblattwespe

Vorkommen in 10- bis 60-jährigen Fichtenbeständen, die meist außerhalb des natürlichen Vorkommens liegen, von der Ebene bis in die Mittellagen. In jüngster Zeit vermehrtes Auftreten der Gebirgsfichtenblattwespe (ab 600 m).

Die Raupen (hellgrün, bis 13 mm lang) krümmen sich bei Beunruhigung „s-förmig" in die Höhe und fressen die Nadeln der Maitriebe ab.

Vorbeugende Maßnahmen:

- Standortangepasste Baumartenwahl
- Ameisenschutz
- Mischwälder
- Vogelschutz (Nistkästchen und -höhlen)

Großer Brauner Rüsselkäfer

Fichtengallen

Großer Brauner Rüsselkäfer

Die Käfer entwickeln sich in den Stöcken der Nadelbäume. Sie erscheinen an den ersten warmen Tagen im April oder Mai und beginnen mit ihrer Fraßtätigkeit an den Stämmchen junger Forstpflanzen. Bei starkem Befall führt dies zum Absterben der frisch gesetzten Pflanze (der Saftstrom wird unterbrochen).

Vorbeugende Maßnahmen:

siehe Kapitel „Kulturpflege“

Großer und Kleiner Waldgärtner

Der Große und der Kleine Waldgärtner sind Borkenkäfer, die in Kiefernwäldern schwere Schäden anrichten können. Sie bohren sich zwischen Rinde und Holz ein, wo der Große Waldgärtner einen senkrechten, der Kleine einen waagrechten Brutgang ausfrisst. Die Käfer bohren sich auch in die Endzweige der Kiefer ein und fressen das Mark heraus. Dadurch brechen die letztjährigen Zweige bei Wind ab. Die befallenen Stämme schauen daher wie vom Gärtner zugeschnitten aus (Name Waldgärtner!).

Bei zu erwartendem stärkeren Befall durch Waldgärtner sind Fangbäume schon im Jänner zu fällen (Kiefern), damit diese bis zur Flugzeit (Februar bis Mai) den richtigen Grad der Eintrocknung erreicht haben und die Käfer angelockt werden.

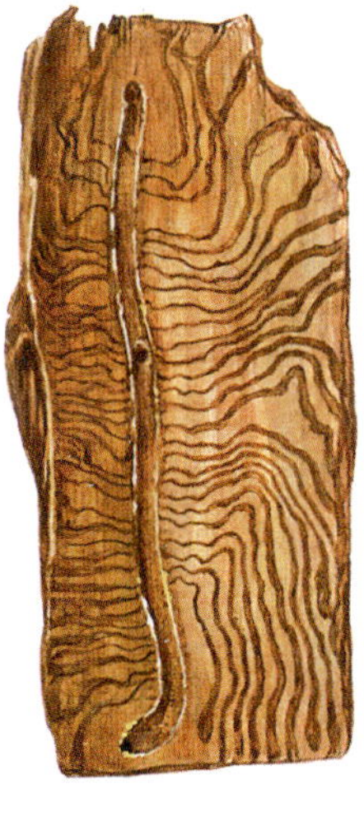

Fraßbild des Großen (rechts) und des Kleinen Waldgärtners (links)

Buchdrucker

Buchdrucker (Großer achtzähniger Fichtenborkenkäfer)

Der Buchdrucker ist der gefährlichste Schädling der Fichte. Er befällt in erster Linie kränkelnde Bäume. Steht ihm genug bruttaugliches Material (Windwurf- und Schneebruchholz, geschwächte Bestände usw.) zur Verfügung, neigt er zu Massenvermehrung und befällt dann vollkommen gesunde Bäume!

Durch die Zerstörung des Kambiums und die Unterbindung der Leitungsbahnen (Assimilatleitung) stirbt der Baum ab. Die Entwicklung vom Ei bis zum flugfähigen Jungkäfer dauert je nach Witterung 6 bis 8 Wochen.

Die erste Generation fliegt bei einer Lufttemperatur von 18 bis 20 °C. In warm-trockenen Jahren kommen bis zu drei Generationen zur Ausbildung. Wegen dieser starken Vermehrung (ein Weibchen legt bis zu 40 Eier) ist der Buchdrucker besonders gefährlich.

Vorbeugende Maßnahmen:

- Mischwälder begründen
- Schadholz rasch aufarbeiten
- Holz in Rinde nicht zu lange lagern
- Fangbäume richtig auslegen, laufend kontrollieren!
- Ordentliche Waldpflege (Stammzahlreduktion und Durchforstungen)
- Schutz der natürlichen Feinde (Singvögel, Specht, Ameisen …)

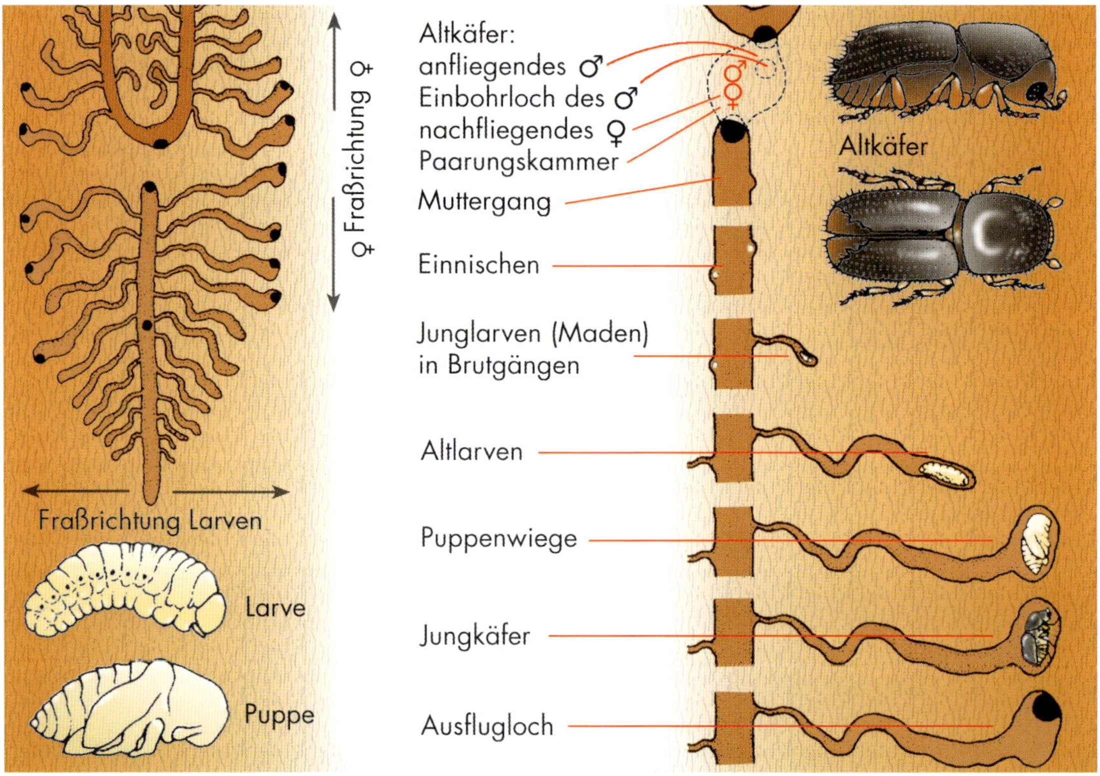

Die Entwicklung des Großen Fichtenborkenkäfers (natürliche Größe: 4 bis 5,5 mm)

Bekämpfung mit Fangbäumen:

Was sind Fangbäume?

Gefällte Bäume (vor allem Fichten), welche Borkenkäfer gezielt als Brutstätte nützen sollen, damit sie dann relativ leicht samt ihrer Brut unschädlich gemacht werden können.

Die Borkenkäferdichte kann dadurch innerhalb eines Gebiets so stark reduziert werden, dass sich für das verbleibende stehende Holz die Gefahr eines Befalls verringert.

Was ist bei der Fangbaum-Vorlage zu beachten?

- Wo? Dort, wo in den letzten Jahren Borkenkäfernester auftraten bzw. Windwurfholz unaufgearbeitet liegen blieb.
- Stärkere Bäume sind fängischer als schwächere, trotzdem nicht zu grobborkige Stämme wählen; ideal circa 25 bis 30 cm Durchmesser.
- Wann? Fällung der Fangbäume circa 2 bis 3 Wochen vor der Käferflugzeit, d. h. spätestens bis Mitte März; bei Lockstoffeinsatz auch bis unmittelbar vor dem Käferflug möglich.
- Sicherheitsabstand: Entfernung des Fangbaums vom Bestand
  - ohne Lockstoff mindestens 10 m
  - mit Lockstoff mindestens 30 m
- Lockstoffeinsatz erhöht zwar die Wirkung, aber auch die Gefahr für den Restbestand – forstfachliche Beratung notwendig.
- Kontrolle der Fangbäume und auch des benachbarten stehenden Holzes auf Befall mindestens einmal pro Woche (braunes Bohrmehl).

Die Prügelfalle stellt eine vorbeugende Fangmethode dar.

- Entrindung und nachfolgende Verbrennung oder Begiftung bzw. sonstige Behandlung (Beregnen, Begasen, Verhacken, Einwässern) bei Erreichen des Larvenstadiums (circa 3 Wochen nach dem Einbohren). Bei kühler Witterung auch später möglich (jedenfalls noch im „weißen Larven- und Puppenstadium").
- Giftfangbaummethode: ökologisch nicht unproblematisch; Gewässerverschmutzung unbedingt vermeiden!
- Schlagabraum (Reisig, Äste, Stöcke) auf Befall kontrollieren und gegebenenfalls unschädlich machen.
- Anzahl der Fangbäume als Faustregel gilt: pro nicht aufgearbeitetem Käferbaum im Herbst möglichst ein Fangbaum im Frühjahr.

Kupferstecher

(Kleiner sechszähniger Fichtenborkenkäfer)

Der 1,8 bis 2 mm große Borkenkäfer befällt vorwiegend jüngere Fichtenbestände, Äste und Wipfelholz. Er neigt ebenfalls zu Massenvermehrung. Sein Fraßbild ist „sternförmig" mit 2 bis 4 cm langen Larvengängen.

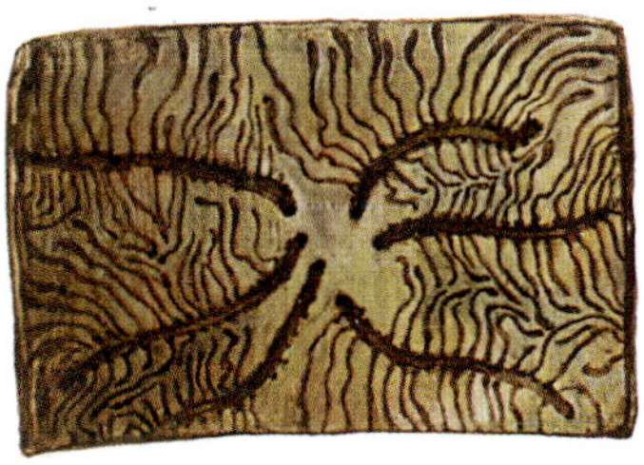

Fraßbild des Kupferstechers

Fraßbild des gestreiften Nutzholzbohrers

Gestreifter Nutzholzbohrer

Der 3 bis 4 mm große Holzbrüter (Flügeldecken gelblich mit breiten schwarzen Längsstreifen) befällt vorwiegend Fichtenholz in Rinde, aber auch entrindetes liegendes Holz. Er bohrt sich senkrecht in das Nutzholz (Splint) ein und frisst einem Jahresring folgend den Muttergang. Die Larven fressen „leitersprossenähnliche" kurze Seitengänge.

Der Nutzholzborkenkäfer hält Mutter- und Larvengänge von Bohrmehl frei (deshalb sind auf der Rinde weiße Bohrmehlhäufchen zu finden!) und züchtet in den Gängen einen schwarzen Pilz, von dem sich Käfer und Larven ernähren. Der Holzwert befallener Bäume wird vermindert.

Die Nonne

Die Nonne – ein Falter – neigt zu starker Massenvermehrung in Nadelholzbeständen. Die Raupen fressen die Nadeln.

Für den Waldbesitzer kann der Ameisenschutz eine wirksame und billige vorbeugende Maßnahme gegen Insektenschäden im Wald sein, da ein Ameisenvolk bis zu 100 000 Schadinsekten pro Tag vertilgt.

Aufgaben:

- Welche vorbeugenden Maßnahmen kann der Waldbesitzer gegen die Vermehrung schädlicher Forstinsekten ergreifen?
- Bei besonders günstiger Witterung und bei Vorhandensein von ausreichendem Brutmaterial kommt es beim Buchdrucker zu drei Generationen mit Geschwisterbruten. Wie viele Käfer entstehen aus einem Pärchen mit drei Bruten, wenn ein Weibchen 40 Eier legt und keine Käferverluste durch natürliche Feinde entstehen?
- Wozu dient ein Fangbaum?
- Wodurch unterscheiden sich die Fraßbilder des Großen und Kleinen Waldgärtners?
- Zeichnen Sie Skizzen der Fraßbilder von:
  a) Buchdrucker
  b) Kupferstecher und dem
  c) Gestreiften Nutzholzbohrer
- Geben Sie an, welcher Schädling in den gekennzeichneten Bereichen der nebenstehenden Fichte auftritt!

Wildschäden

- Verbiss: durch Reh-, Rot-, Gams-, Muffelwild
- Verfegen: durch Rehbock, Hirsch
- Schälen: durch Rotwild, Muffelwild
- Schlagen: Markieren von Einstandsgebieten

Vorbeugende Maßnahmen:

- Mechanische und chemische Schutzmaßnahmen (siehe Kapitel „Kultur- und Jungwuchspflege“)
- Naturnahe Waldbewirtschaftung (Naturverjüngung, Mischwald ...)
- Tragbarer Wildstand entsprechend dem natürlichen Nahrungsangebot (Wildstandskonzentrationen im Herbst und Winter beachten)
- Erfüllung der Abschusspläne
- Natürliches Nahrungsangebot erhalten oder schaffen (Sträucher, Verbissgehölze, Wildwiesen und Wildäcker ...)
- Waldwiesen bewirtschaften und nicht aufforsten (Wildobstflächen ...)
- Geeignete Landwirtschaftsstrukturen schaffen (...)
- Richtige und ausreichende Fütterung des Wildes – Futtermengen, Futterzusammensetzung und Fütterungsstandorte gut überlegen
- Gute Kontakte zwischen Jägern und Grundeigentümern

Waldwiesen, Wildobstbäume oder Wildäcker in Waldrevieren helfen Wildschäden zu verringern

Schälschäden müssen verhindert werden!

Tannenverbiss

Fegeschaden

Fegeschaden an Laubholz

Fegeschutz aus Schilf

Sonstige Forstschäden

Waldbrände

Hauptursachen von Waldbränden sind das Wegwerfen von Zigaretten und das Anzünden von Lagerfeuern. Das Feuerentzünden im Wald ist ausschließlich dem Waldeigentümer, seinen Forst- und Jagdorganen, den Forstarbeitern und Nutzungsberechtigten unter Einhaltung größter Vorsichtsmaßnahmen erlaubt!

(Siehe Forstgesetz.)

Weidevieh

Weidevieh schadet durch Viehtritt (Bodenverdichtung), Verbiss (besonders im Schutzwald!) und Schälung. Daher immer die Weide vom Wald trennen.

Mäusefraß

Die Rinde am Stammfuß der jungen Forstpflanzen wird abgenagt. Durch Tollwut kann der Fuchs als ärgster Feind der Mäuse nahezu ganz ausfallen – verheerende Mäusefraßschäden können die Folge sein.

Aufgaben:

- Welche Schäden können durch das Wild im Wald verursacht werden?
- Was kann der Jäger und/oder der Grundbesitzer vorbeugend gegen Wildschäden tun?
- Nennen Sie Nachteile der Waldweide!
- Ordnen Sie die angeführten Waldschäden zu, indem Sie die entsprechende Spalte ankreuzen. Sollte eine Doppelzuordnung möglich sein, so reihen Sie diese mit den Ziffern 1, 2!

	Witterungs-schäden	Pilz-schäden	Insekten-schäden	Wild-schäden	Schäden dr. d. Menschen
Buchdrucker					
Gallen					
Hallimasch					
Nonne					
Rauchschaden					
Rotfäule					
Schälen					
Schneebruch					
Spätfrost					
Verfegen					
Waldbrand					
Windwurf					

Waldarbeit – Arbeitssicherheit und Gesundheitsschutz

Ergonomie

Unter Ergonomie versteht man die Wechselbeziehungen zwischen dem arbeitenden Menschen und seinen Arbeitsbedingungen. Dabei sind die verwendeten Arbeitsmittel (Werkzeug, Maschinen) und die Arbeit an die Fähigkeiten und Erfordernisse des Menschen anzupassen. Das Ziel ist eine möglichst geringe Belastung des arbeitenden Menschen bei gleichzeitiger Erhaltung der Gesundheit und Leistungsfähigkeit.

Warum Ergonomie bei der Waldarbeit?

Hohe Gewichte der Arbeitsgeräte (Handmaschinen) und Arbeitsgegenstände (Holz), großer Anteil an Bückarbeit, unnatürlich verdrehte Arbeitshaltung aufgrund der Geländegegebenheiten und viel statische Muskelarbeit (Haltearbeit) sind die häufigsten negativen Belastungsformen. Darüber hinaus belasten Vibration, Abgase, Lärm, psychischer Druck (Stress) u. a. den menschlichen Organismus.

Praktische Maßnahmen

Arbeitsabwechslung

Ersatz der statischen Arbeit (Haltearbeit) durch dynamische Arbeit (Bewegungsarbeit). Bei der dynamischen Arbeit wechseln Phasen der Muskelanspannung und Muskelentspannung ab. Dabei wird die Durchblutung gefördert. Bei der Haltearbeit bleiben einzelne Muskeln oder Muskelpartien über längere Zeit angespannt, ohne dass sich der betreffende Körperteil bewegt; die Blutzirkulation ist gering, und es tritt rasch eine Ermüdung ein.

Richtige Körperhaltung

Bückarbeit erfordert viel Kraftaufwand und kann zu Wirbelsäulen- und Bandscheibenschäden führen. Der Rücken soll bei allen Arbeiten möglichst gestreckt sein.

Weiterhin sollen in gebückter Position nie schwere Arbeiten verrichtet bzw. schwere Lasten gehoben werden. Zur Arbeitserleichterung kann das Hebelgesetz angewendet werden, das heißt, durch Einsatz von entsprechenden Werkzeugen („langer Hebel") kann mit wenig Kraft eine große Last bewegt werden.

Pausengestaltung

Nach jeder schweren Arbeit soll zur Erholung eine Pause eingelegt werden (Erholzeit). Kürzere, aber häufige Pausen wirken sich auf das Leistungsniveau und die Erholwirkung günstiger aus als wenige lange Pausen.

Maschineneinsatz

Der Bedienungsmann von Maschinen und Geräten wird oft durch Vibration, Lärm und Abgase gefährdet. Vibrationen können häufig durch technische Maßnahmen

> Das Fällen, Aufarbeiten und Bringen von Bäumen muss unfallfrei, bestandesschonend und holzschonend durchgeführt werden.

wie Antivibrationsgriffe (Motorsägen), Gesundheitssitze (Traktoren) sowie durch gute Wartung der Geräte (Kettenschärfen bei Motorsägen) minimiert werden.

Lärmbelastung

Die Lärmbelastung nimmt mit der Mechanisierung in Land- und Forstwirtschaft enorm zu. Die Gefährdung des Hörorgans durch Lärm ist im Wesentlichen von der Lautstärke und der täglichen Einwirkungsdauer abhängig. Motorsägen, Freischneidegeräte und Kreissägen sind große Lärmverursacher. Ein wirksamer Schutz vor Lärmschwerhörigkeit sind Gehörschutzschalen am Schutzhelm.

Schone deinen Rücken!

Die Waldarbeit beinhaltet schwere Hebearbeit und Bewegungen, die den Rücken und bestimmte Körperteile stark belasten.

Richtige Hebetechnik und Arbeitshaltung ermöglichen dem Rückgrat aufgrund gleichmäßiger Druckverteilung auf alle Wirbel, die Belastung zu ertragen.

So hebt man richtig!

Halte den Rücken beim Heben gerade und aufrecht. Dann verteilt sich der Druck gleichmäßig auf alle Wirbel.

Gerader Rücken und gebeugte Knie ergeben die richtige Arbeitshaltung. Auf diese Weise nutzt man die starken Beinmuskeln für die Hebearbeit.

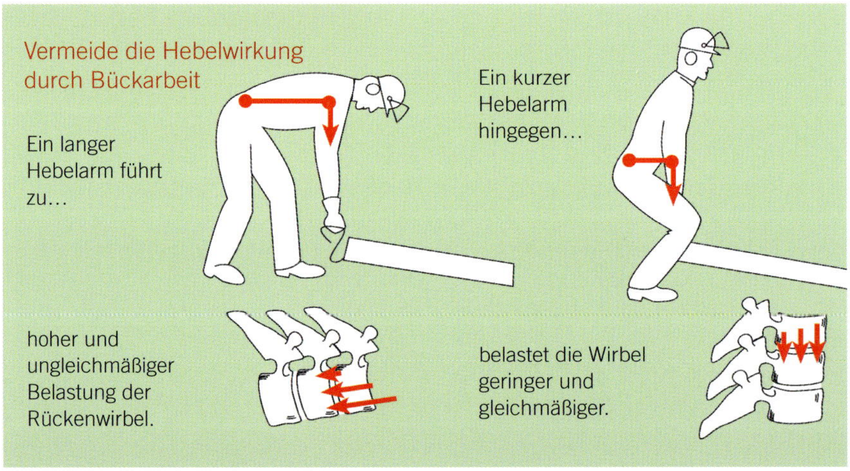

Die richtige Arbeitshaltung senkt die Gesamtbelastung der Wirbel.

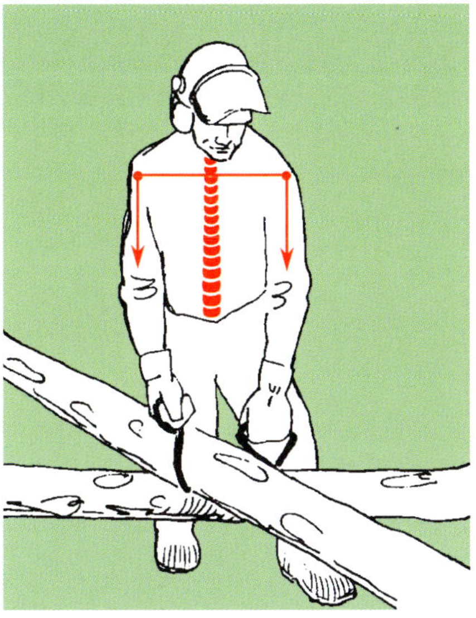

Hebe mit beiden Armen, so wird der Rücken auf beiden Seiten gleichmäßig belastet.

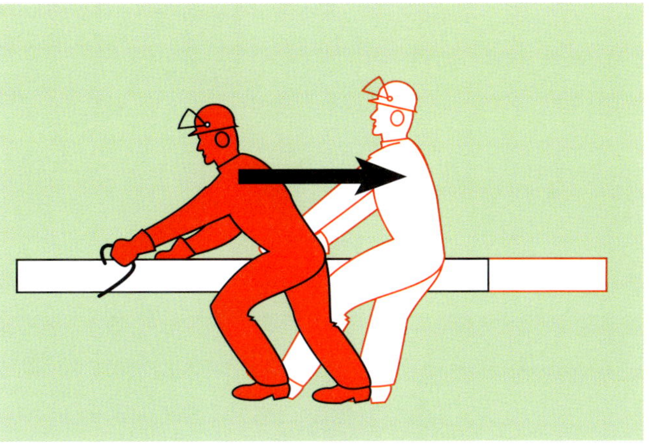

Halte den Rücken gerade und nütze die Beinkraft, auch wenn das Holz gezogen wird.

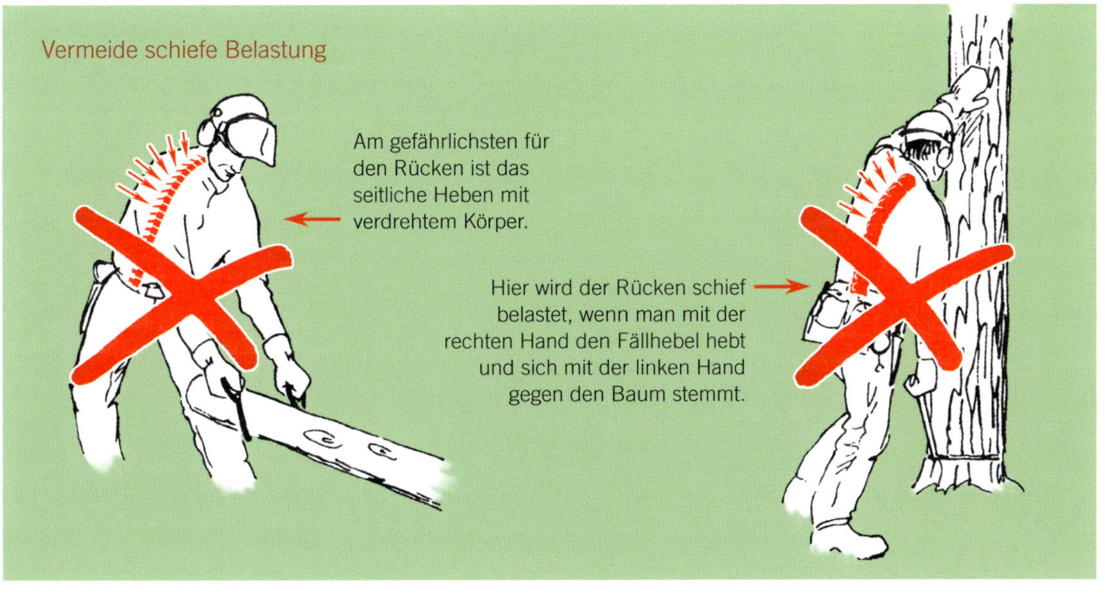

Abgase

Jeder Motor erzeugt Abgase. Die gefährlichsten Bestandteile der Abgase von Zweitaktmotoren sind Kohlenmonoxid (CO) und Kohlenwasserstoffe. Die Wahl des richtigen Treibstoffs sowie die exakte Einstellung des Vergasers sind die wichtigsten technischen Maßnahmen zur Verringerung der Abgasbelastung. Auch Katalysatoren für Motorsägen wurden schon entwickelt.

Die Verwendung von Alkylatkraftstoffen (Alternativkraftstoffe) verringert ebenso den Ausstoß gefährlicher Abgase (Benzol, Benzoapyren).

Stütze die Säge auf dem Oberschenkel ab!

Der Rücken wird entlastet, wenn die Säge auf dem Oberschenkel abgestützt wird.

Arbeite nahe am Körper, sowohl beim Heben als auch beim Sägen; dann ist das Risiko, das Knochengerüst und die Muskeln zu sehr zu strapazieren, geringer.

Aufgaben:

- Welche ergonomischen Maßnahmen können bei der Waldarbeit getroffen werden?
- Wie wird eine Last richtig gehoben?

Berufskleidung und persönliche Schutzausrüstung (PSA)

Die derzeit verwendeten *Schutzhelme* haben den Nachteil, dass sie durch meteorologische Einflüsse rasch altern; sie sollen daher nur maximal vier Jahre ab Herstellungszeitpunkt verwendet werden (Erzeugungsdatum am Helm beachten).

Der *Gesichtsschutz* schützt das Gesicht und die Augen vor Sägespänen, Ästen und Schmutz.

Zweckmäßige Berufskleidung und persönliche Schutzausrüstung schützen die Gesundheit, verringern die Verletzungsgefahr und erhalten das Leistungsvermögen.

Bei Arbeiten mit der Motorsäge sind *Gehörschutzkapseln* für die Gesunderhaltung unerlässlich.

Die Berufskleidung soll vor Schmutz, Verletzungen und (je nach Witterung) vor Kälte und Nässe schützen. Bewährt haben sich Mischgewebe aus Baumwolle und Kunststoff.

Die *Arbeitshose* sollte eine Latzhose mit eingenähten, *geprüften Schnittschutzeinlagen* in den Hosenbeinen sein. Diese Schnittschutzeinlagen sind mehrlagige Spezialgewebe aus Kunststoff, welche vom Schienbein über das Knie bis zur Beuge reichen.

Schutzhandschuhe schützen die Hände vor Verletzungen, Schmutz, Kälte und Nässe. Beim Arbeiten mit Drahtseilen sind Volllederhandschuhe mit Handinnenflächenverstärkung und verlängerter Stulpe zu verwenden.

Forstsicherheitsschuhe und Forstsicherheitsstiefel müssen normgerecht gefertigt werden (ÖNORM EN 345); sie verfügen über Zehenschutz, Schnittschutzeinlage und profilierten Sohlen.

Aufgaben:

- Wie viele Jahre darf ein Waldarbeiterschutzhelm höchstens verwendet werden?
- Wie kann man sich vor Schnittverletzungen im Beinbereich schützen?
- Nennen Sie Kriterien eines guten Forstsicherheitsschuhs.

Sicherheit durch persönliche Schutzausrüstung

Arbeitsmittel

Werkzeug

Für die *Starkholzschlägerung* ist neben der Motorsäge eine Universalaxt (1,4 kg) mit einem circa 70 cm langen Stiel mit Knauf zu verwenden. Ferner sind Fällkeile aus Holz, Kunststoff oder Leichtmetall in genügender Zahl, ein schwerer Sappel (1,2 kg) und ein Wendehaken erforderlich. Am Waldarbeitergürtel trägt man ein Rollmaßband, ferner eine Keiltasche mit Keil, Zopfmesskluppe sowie das erforderliche Werkzeug für die Motorsägenwartung (Zündkerzen- und Kettenspannschlüssel, Kettenfeile mit Feilenhalter).

Für die *Schwachholzschlägerung* (Bestandespflege) sollen Motorsäge und Werkzeug in einer leichteren Ausführung Verwendung finden. Aus ergonomischen und wirtschaftlichen Überlegungen sollen Äste unter 2 cm Stärke mit der Hacke entfernt werden. Zum Schärfen der Hacke ist ein bewässerter Schleifstein zu verwenden. Die Schneide der Axt soll nicht keilförmig, sondern ballig geschliffen werden (verhindert das Einklemmen im Holz.)

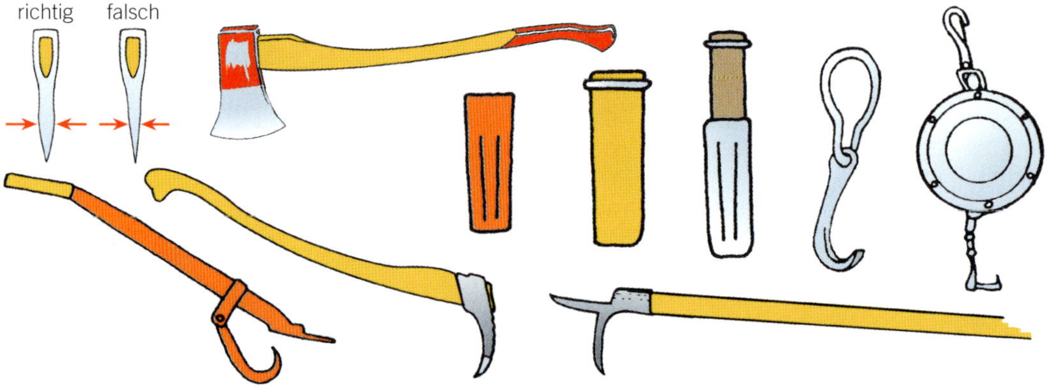

Werkzeuge für die Schlägerung

Freischneider

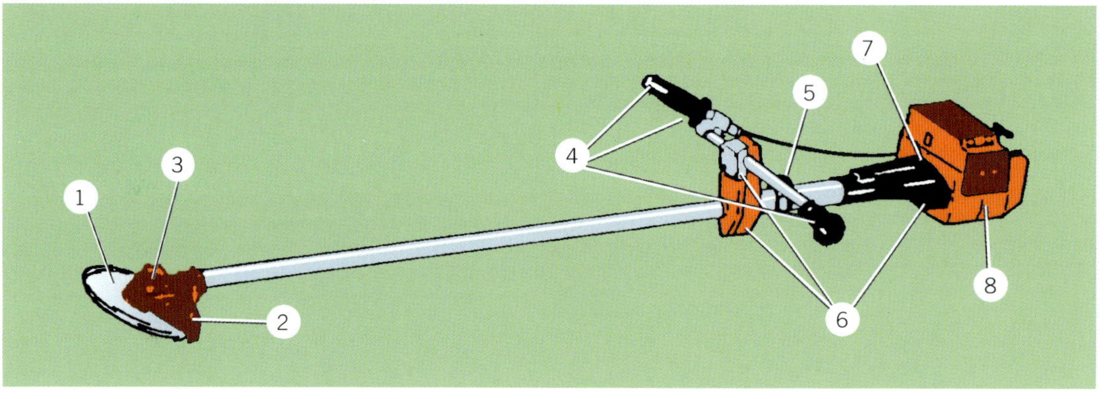

1. Schneidewerkzeug – 2. Schutzvorrichtung (Segmentschutz) – 3. Getriebekopf – 4. Tragegriffe mit Sicherheitsgashebel und evtl. Kurzschlussschalter – 5. Tragöse – 6. AV-Elemente – 7. Sicherheitskupplung (Fliehkraftkupplung) – 8. Motor

> Mit ungeeignetem, schlecht instand gesetztem Werkzeug und Gerät zu arbeiten, ist Sparen am falschen Platz. Für alle Waldarbeiten soll das geeignete Werkzeug verwendet werden.

Freischneider müssen nach ÖNORM EN ISO 11806 genormt sein, damit sie die Sicherheitsanforderungen erfüllen.

Persönliche Schutzausrüstung

Ähnlich der Motorsägenarbeit ist auch beim Einsatz von Freischneidegeräten auf die persönliche Schutzausrüstung (z. B. Gehörschutz, Augenschutz) großer Wert zu legen.

Einsatzmöglichkeiten

Grasschneideblatt	Dickichtmesser	Kreissägeblatt	Trimmer
Gräser krautige Pflanzen	Gräser krautige Pflanzen Stauden dünne Gehölze	Sträucher Bäume bis 10 (15) cm	Gräser

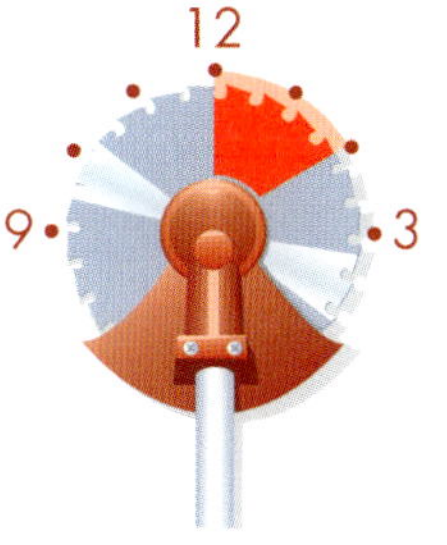

Gefährlicher Bereich zwischen „12“ und „2“

Sicherheitsregeln

- Sicherheitsabstand – mindestens 15 m
- Nie ohne Schneidwerkzeugschutz arbeiten!
- Für sichere Befestigung des Schneidwerkzeugs sorgen
- Richtige Leerlaufdrehzahl einstellen
- Bei Reinigungs- und Instandsetzungsarbeiten Motor abstellen

Arbeitstechnik

- Vorausschauende Planung: Gelände, Arbeitsfortschritt, Windverhältnisse, waldbauliches Ziel
- Einstellung des Tragegurts, der Gerätebalance und der Haltegriffe (siehe nebenstehende Zeichnung!)
- Mit dem ganzen Körper arbeiten, nicht mit den Händen allein
- Sägetechnik

Wartung und Pflege des Freischneiders

- Gerät außen säubern
- Luftfilter reinigen
- Kühlrippen am Zylinder reinigen (bei Arbeit zur Zeit der Grasblüte besonders wichtig!)
- Schneidwerkzeug und Schutzvorrichtung kontrollieren, bei Rissen oder anderen Schäden austauschen
- Schrauben und Muttern auf festen Sitz kontrollieren
- Winkelgetriebeschmierung prüfen
- Instandsetzen der Schneidwerkzeuge
- Auftanken

Die drei Hauptfällrichtungen:

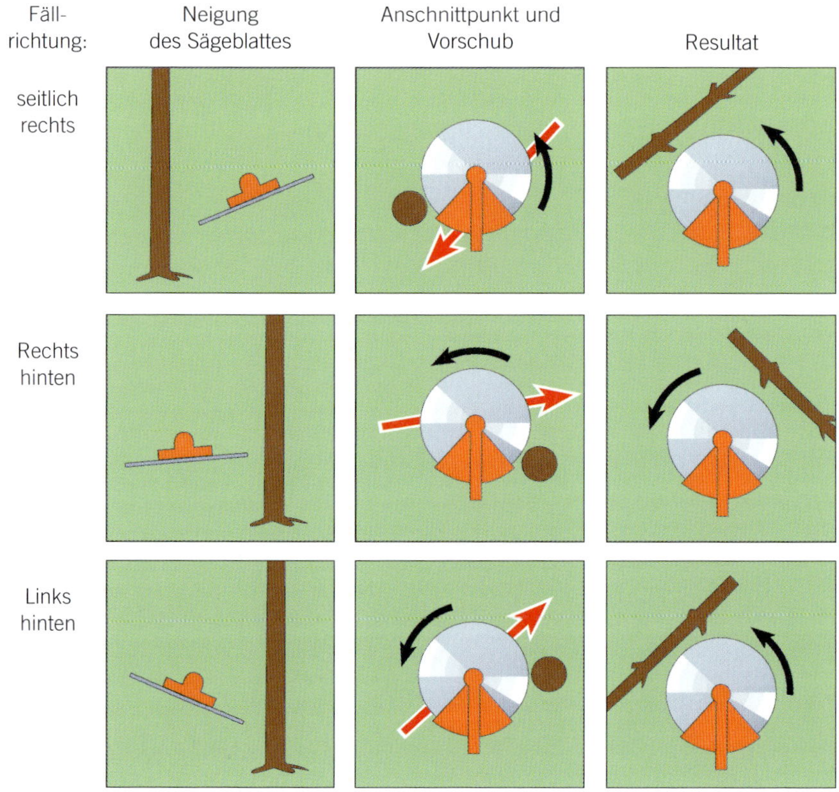

Motorsäge

Sicherheitseinrichtungen

Eine normgerechte Motorsäge (ÖNORM EN ISO 11681-1) muss mit folgenden Sicherheitseinrichtungen ausgestattet sein:

Aufbau und Betrieb der Motorsäge

Die Motorsäge hat in den letzten Jahrzehnten eine bedeutende technische Entwicklung durchgemacht: geringeres Gewicht bei größerer Leistung und besseren Sicherheitseinrichtungen. Exakte Einhaltung der Bedienungsanleitung und eine intensive Wartung und Pflege garantieren einen störungsfreien Betrieb.

Treibstoff:

Die Firmenangaben bezüglich des Mischungsverhältnisses und der Treibstoffsorte sind einzuhalten. Möglichst ein Spezial-Zweitakt-Motoröl im Mischungsverhältnis 1 : 40 bis 1 : 50 verwenden! Bleifreies Benzin altert rasch. Nur geringe Vorräte anlegen! Den Kanister vor dem Tanken durchschütteln. Allenfalls Alternativtreibstoff verwenden.

Richtige und zeitgerechte Wartung ist die Grundvoraussetzung für eine gute Arbeitsleistung und eine entsprechende Lebensdauer der Geräte!

1 Kettenbremse
2 Vorderer Handschutz
3 AV-Griffe (Schutz gegen schädliche Schwingungen)
4 Hinterer Handschutz
5 Gashebelsperre
6 Kurzschlussschalter
7 Kettenfang
8 Krallenanschlag
9 Kettenschutz für Transport
10 Rückschlagarme Schneidegarnitur

Kettenschmierung:

Aus Umweltschutzgründen sind „Bio-Kettenöle" (auf pflanzlicher Basis) vorgeschrieben. Diese sind biologisch abbaubar, bleiben bei Kälte dünnflüssig und haben gute Schmiereigenschaften.

Starten:

Bei Kaltstart Choker ziehen, starten, nach dem ersten „Huster" Choker zurückstellen und weiterstarten.

Richtiges Starten

Die Säge liegt entweder auf dem Boden oder der hintere Handgriff wird im Stehen zwischen den Oberschenkeln festgehalten.

Falsch/Verboten

Fliegender Start (Luftstart)

Vergasereinstellung:

Die richtige Vergasereinstellung ist abhängig vom Luftdruck. Betriebsstörungen und Schäden sind häufig auf falsche Vergasereinstellung zurückzuführen. Vergaser nur laut Betriebsanleitung einstellen (dabei unbedingt auf die zulässige Höchstdrehzahl achten).

Zündung:

Moderne Motorsägen sind mit einer elektronischen Zündanlage ausgestattet; es gibt keinen Verschleiß, keine Wartung. Bei Defekten muss die gesamte Zündanlage ausgewechselt werden.

Beim Austausch der Zündkerze ist auf den Wärmewert zu achten.

Verschleißteile:

Kupplung, Ritzel, Kette, Schwert, Starterschnur, Zündkerze. Faustregel für Verbrauch: pro Schwert 2 bis 3 Ritzel, pro Ritzel 2 bis 3 Ketten, pro Kette 1 bis 2 Feilen.

Der Motorsägenrückschlag:

Der Rückschlag zählt zu den gefährlichsten Phänomenen bei der Motorsägenarbeit. Dabei wird die Motorsäge mit großer Kraft und Geschwindigkeit (in 0,2 Sekunden kann das Schwert von der Waagrechten bis in Gesichtsnähe gelangen) zurückgeschleudert.

Der Motorsägenrückschlag entsteht durch falsche Schneidetechnik: Wenn man mit dem oberen (schiebenden) Teil der Schwertspitze schneidet, kommt es aufgrund der „Zahngeometrie" zu diesem Rückschlageffekt.

In diesem Bereich ändert der Zahn seine Laufrichtung und ragt relativ hoch über die anderen Zähne hinaus.

In dieser Stellung kann er schlecht ins Holz schneiden – er schlägt dagegen!

Wodurch kann der Motorsägenrückschlag vermindert werden?

- Schmales Schwert (kleiner Spitzenradius)
- Rückschlagmindernde Kette
- Richtig instand gesetzte Kette
- Kurze Schwertlänge
- Richtige Schneidetechnik beim Anstechen

Die automatische Kettenbremse verhindert bei einem Rückschlag schwerste Verletzungen durch die laufende Kette!

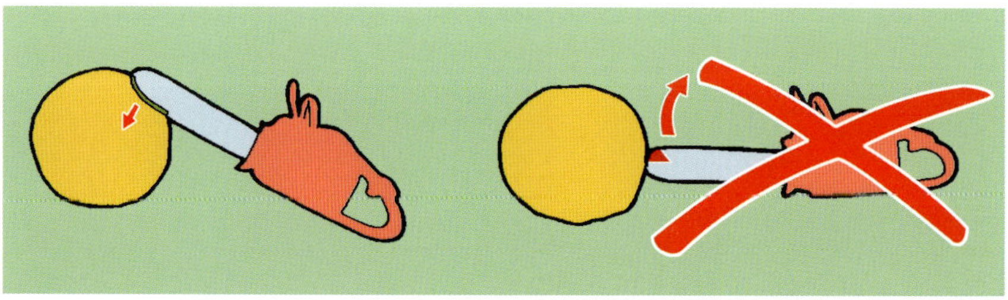

Rückschlag – Gefahrenbereich an der Schwertspitze, links Säge richtig angesetzt, rechts falsch

Wartung und Pflege der Motorsäge

Die jeweiligen Angaben über Wartung, Pflege und Instandsetzung der Motorsäge sind der *Betriebsanleitung* zu entnehmen. Regelmäßige Wartung und Pflege der Motorsäge gewährleisten eine optimale Funktionstüchtigkeit und vermeiden weitgehend Störungen. Letztlich wirkt sich die laufende Pflege auch auf die Leistung und die Sicherheit aus.

Die wichtigsten Punkte der Wartung und Pflege

Tägliche Wartung

Motorsäge grob reinigen, Kettenraddeckel und Lüfterrad sowie Luftfilter reinigen (mit Pressluft ausblasen, ausklopfen, mit Benzin auswaschen), Schwert abnehmen, Schwertnut und Öleintrittsöffnung reinigen, Umlenkrolle am Schwert schmieren, Benzin und Kettenöl auffüllen, Kettenbremsband reinigen, Instandsetzen der Kette.

Wöchentliche Wartung

Alle Arbeiten der täglichen Wartung durchführen. Zahnlänge der Kette kontrollieren, Tiefenbegrenzer nachfeilen (Lehre), vorhandene Grate am Schwert mit der Flachfeile entfernen. Ansaugöffnung vor dem Lüfterrad und Kühlrippen reinigen und Zündkerze kontrollieren. Nadellager fetten.

Periodische Wartung

Generalreinigung inklusive täglicher und wöchentlicher Wartung. Dazu gehören unter anderem: Kontrolle von Kupplung, Anwerfvorrichtung, Vergaser, Benzinleitung und Schwertzustand. Nach Zusammenbau der Motorsäge alle Befestigungsschrauben auf festen Sitz prüfen und Kette richtig spannen. Kontrolle der Funktion der Kettenbremse.

Instandsetzen der Motorsägenkette

Eine richtig instand gesetzte Kette hat bei geringerem Kraftbedarf eine höhere Schnittleistung (Kraftstoff- und Zeitersparnis!), neigt weniger zu Rückschlägen und erzeugt geringere Vibrationen. Die Kennzeichen einer richtig geschärften Kette sind: ruhiger Lauf, zieht sich selbst ins Holz, grobe Späne.

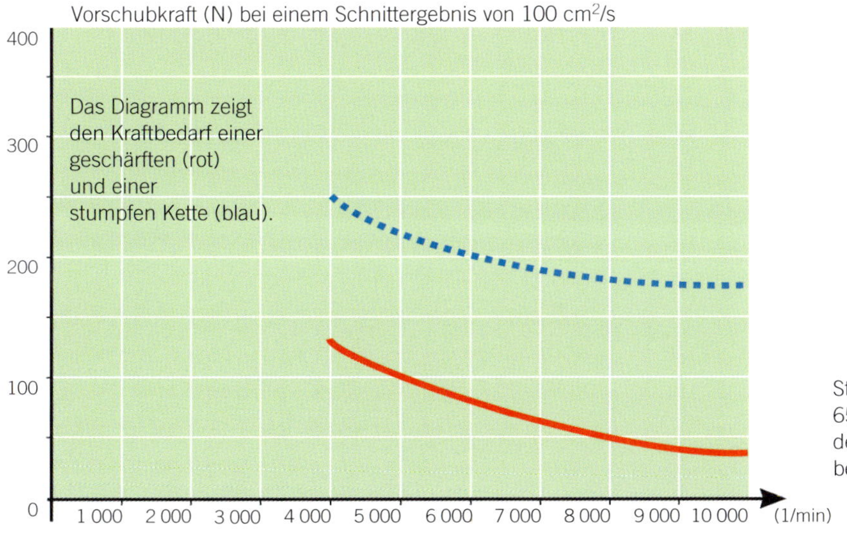

Stumpfe Kette: (nur) 65 % Schnittergebnis der geschärften Kette beim Handschnitttest

Die fünf verschiedenen Teile einer Motorsägenkette:

a = rechter Schneidezahn
b = linker Schneidezahn
c = Treibglied
d = Verbindungsglied
e = Niete

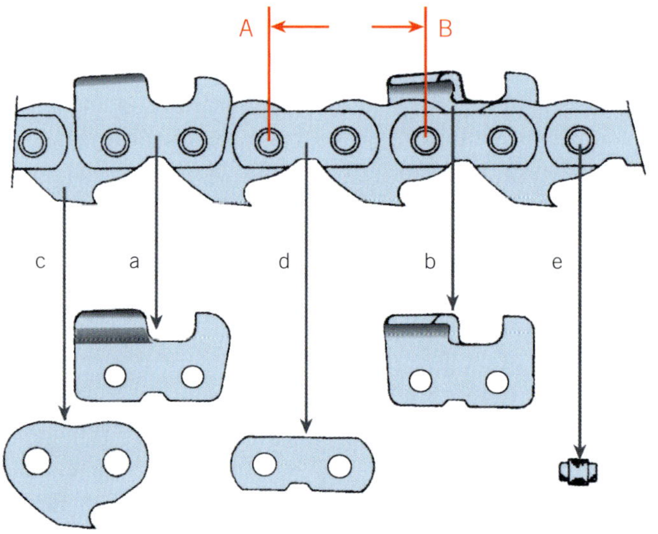

Wesentliche Punkte für die richtige Instandsetzung sind:

1. Feilendurchmesser:

   Entscheidend für den Feilendurchmesser ist die Zahngröße oder Kettenteilung. Diese ermittelt man, indem man den Abstand zwischen drei Nieten misst.

Häufigste Kettenteilungen

Seltene Kettenteilungen

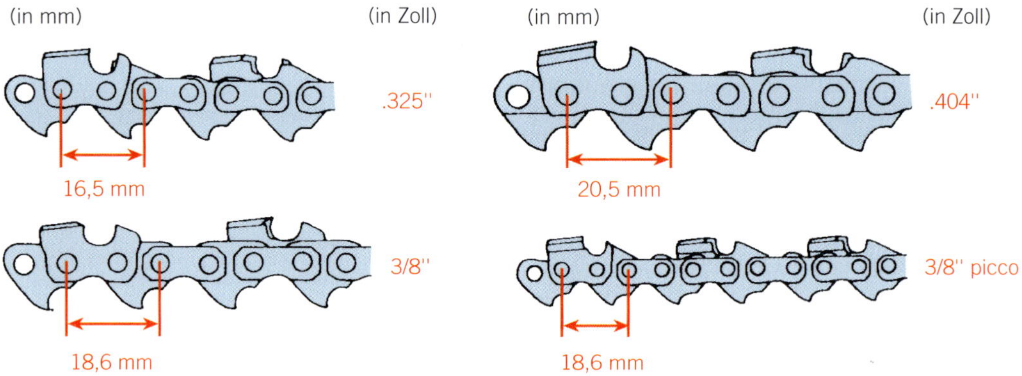

Die Tabelle gibt an, welcher Feilendurchmesser zu welcher Kettenteilung passt.

Abstand über drei Nieten in mm	**Kettenteilung in Zoll ('')**	**Feilendurchmesser in mm (Zoll)**
ab 18,6	(3/8'' oder .404'')	5,5 mm (7/32'')
16,5	(.325'')	4,8 mm (3/16'')
18,6	(3/8'' picco)	4,0 mm (5/32'')

Bei einer *Flachprofilkette* (geringere Rückschlagneigung durch niedrigere Schneidezähne) ist grundsätzlich der nächstkleinere Feilendurchmesser (nach obiger Tabelle) zu verwenden.

2. Feilenüberstand:

   Erforderlich ist ungefähr 1/5 des Feilendurchmessers.

3. Zahnform:

   Alle modernen Motorsägeketten sind Hobelzahnketten. Folgende Zahnformen sind auf dem Markt:

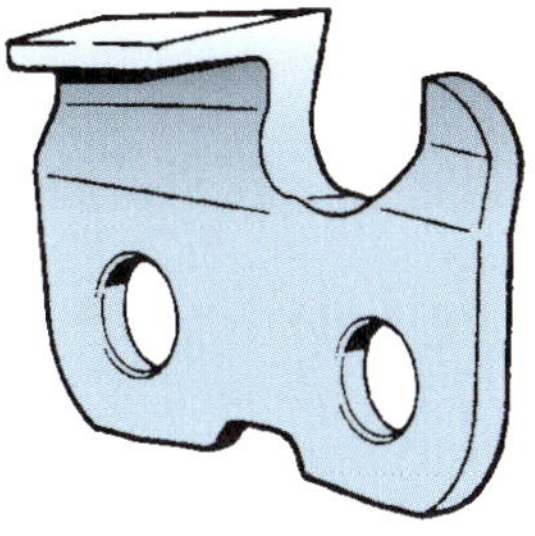

Eck- oder Meißelzahn

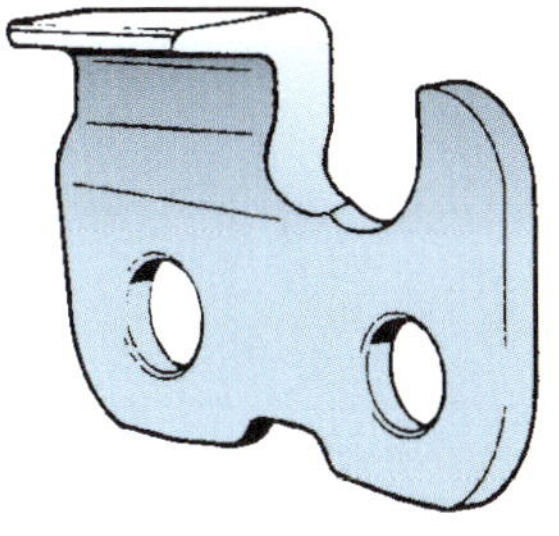

Halbrund- oder Halbmeißelzahn

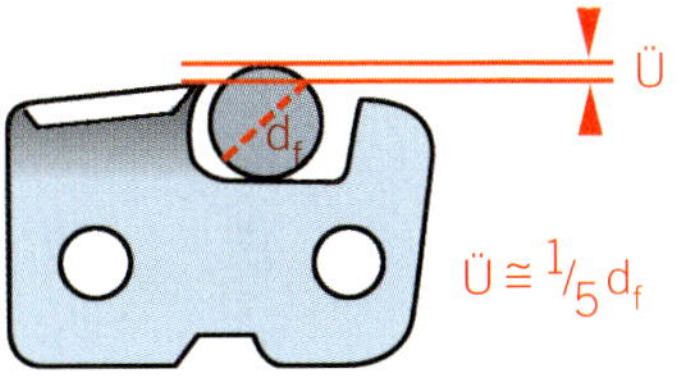

Fehler: Bei zu kleiner Feile entsteht ein „Haken" – die Säge reißt.

Bei zu großer Feile entsteht ein zurückhängender Zahn – die Säge muss ins Holz gedrückt werden.

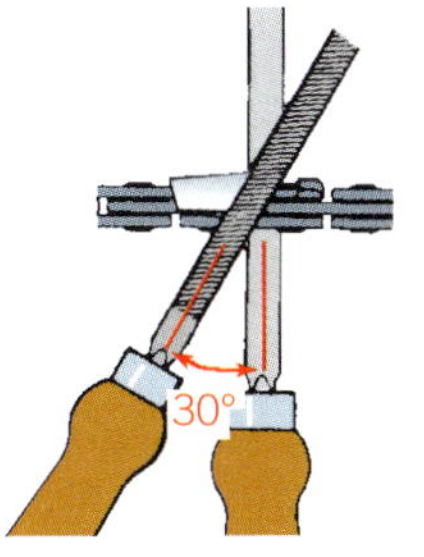

4. Feil- oder Schärfwinkel

   Er beträgt meist 30 Grad.

   Falls Hinweise des Herstellers vorhanden (z. B. Markierungen am Zahn), so sind diese zu berücksichtigen!

5. Brustwinkel

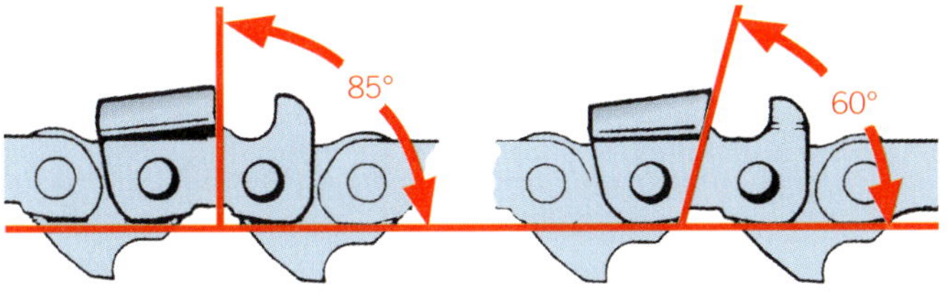

Halbrundzahn

Eckzahn

6. Feilenführung

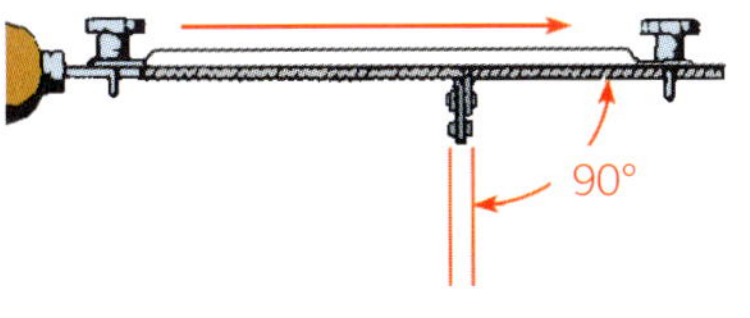

Die angegebenen Winkel sind die am häufigsten empfohlenen Schärfwinkel. Sonderformen sind gemäß den Firmenangaben zu schärfen.

7. Zahnlänge

Alle Zähne müssen gleich lang sein! Bei einer Generalinstandsetzung daher den kürzesten Zahn suchen und alle anderen Zähne auf dessen Länge zurückfeilen (mit der Schublehre messen!).

Beim Schärfvorgang pro Zahn immer die gleiche Anzahl von Feilstrichen mit gleichem Druck ausführen. Ungleiche Zahnlängen führen zu Verlusten bei der Schnittleistung und zu schiefen Schnitten.

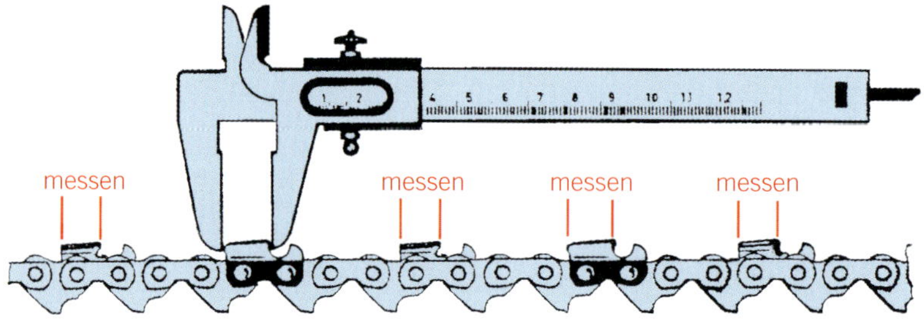

8. Tiefenbegrenzer

Der Tiefenbegrenzer beträgt je nach Kettenteilung 0,65 mm (für 325''-Ketten) und 0,75 mm (für 3/8''-Ketten).

Richtig | Zu hoch | Zu niedrig

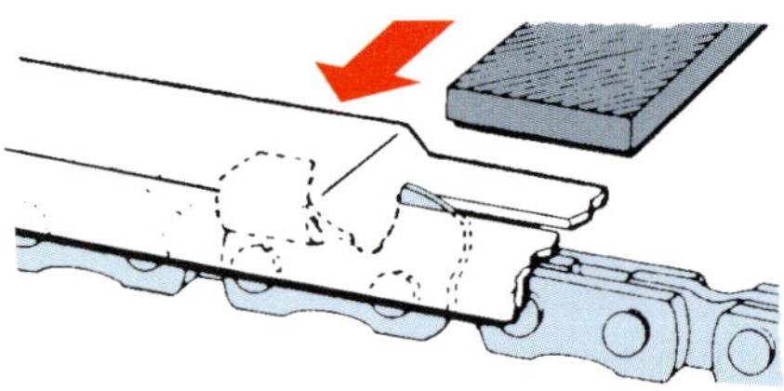

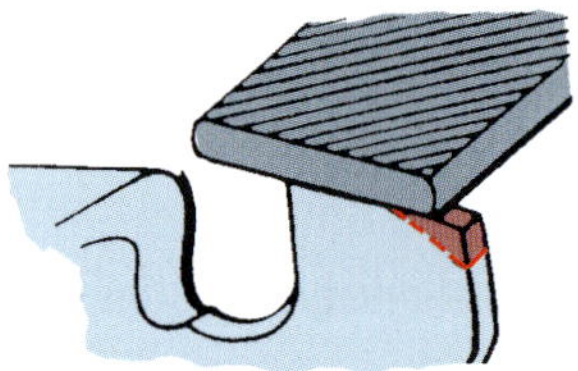

Nach mehrmaligem Kettenschärfen ist der Tiefenbegrenzer mit Flachfeile und Tiefenbegrenzerlehre zurückzufeilen.

Wichtig: Wegen der Rückschlaggefahr immer die Vorderkante abrunden!

Hinweise für das Feilen:

- Mäßig (2 bis 3 Feilstriche), aber regelmäßig feilen.
- Feile und Unterarm sollen eine Gerade bilden.

- Feile mit mäßigem seitlichem Druck, geradlinig mit beiden Händen von innen nach außen führen (kein Druck nach unten!).
- Linke Zähne werden mit der Feile in der linken, rechte Zähne mit der Feile in der rechten Hand gefeilt (Handwechsel).
- Beim Feilen auf gute Beleuchtung, festen Stand und auf gute Fixierung der Motorsäge achten.
- Grundsätzlich muss die Kette auch im Wald gefeilt werden können. Bei der Generalinstandsetzung in der eigenen Werkstätte werden die Zahnlänge und der Tiefenbegrenzer korrigiert.
- Feilhilfen verwenden!

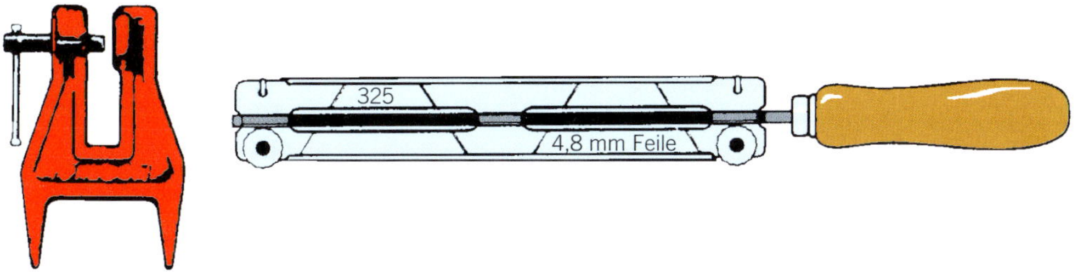

Feilenbock und Feilenhalter sind notwendige Hilfen für das Schärfen der Kette.

Aufgaben:

- Welches Werkzeug braucht man zum Schlägern von Starkholz?
- Wie soll eine Axt geschärft werden?
- Für welche Arbeiten kann der Freischneider eingesetzt werden?
- Nennen Sie Sicherheitsregeln für den Einsatz von Freischneidegeräten.
- Wie wird eine Motorsäge richtig (sicher) gestartet?
- Wodurch entsteht der Motorsägenrückschlag?
- Wie kann der Motorsägenrückschlag vermieden werden?
- Nennen Sie die wichtigsten Wartungsmaßnahmen bei der Motorsäge.
- Was wird hier geprüft?

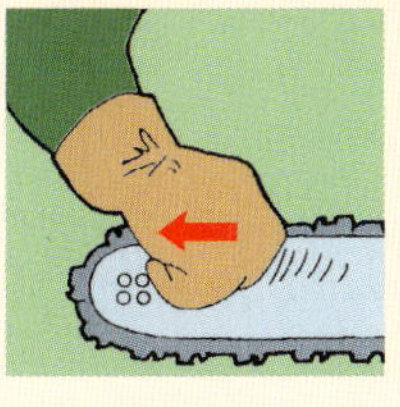

- Wie, wie oft und warum wird der Tiefenbegrenzer instand gesetzt?
- Die Säge schneidet schief: Erklären Sie die Ursache und mögliche Abhilfe.

Schwenkbereich der Motorsäge –
2 m Sicherheitsabstand

Arbeitstechnik im Schwachholz

> Der Schwenkbereich von *2 Metern* ist eine der wichtigsten Sicherheitsbestimmungen beim Arbeiten mit der Motorsäge und muss unbedingt eingehalten werden.

Vorbereitung zur Fällung:

- Arbeitsplatz säubern
- Autasten bis Kopfhöhe
- Säge voreilend führen gegen den Uhrzeigersinn

Schrägschnitt

Bei schwächeren Bäumen (bis circa 15 cm Stockdurchmesser) kann das Fällen durch einen Schrägschnitt ausgeführt werden.

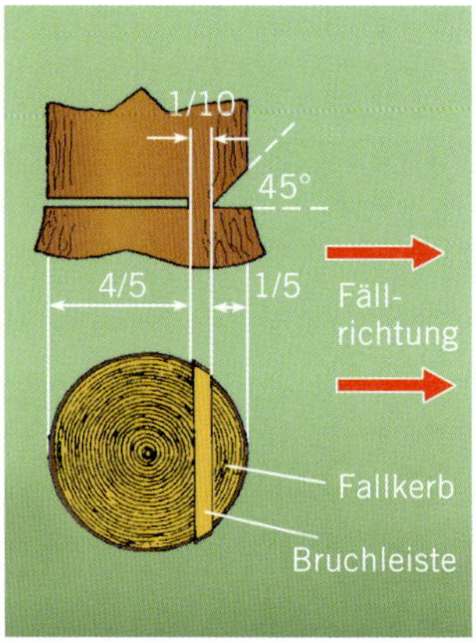

Fällschnitt mit Fallkerb

Kleinen Fallkerb schneiden, Fällschnitt (in gleicher Höhe wie Fallkerb) anbringen; schwache Bruchleiste stehen lassen, händisch umdrücken.

Fällheberschnitt

Für Bäume bis circa 30 cm Stockdurchmesser

1. Fallkerb schneiden (ca. 1/5 d)
2. Fällschnitt aus der gleichen Standposition und in der gleichen Höhe schneiden – seitliche Halteleiste (ca. 1/5 d) und Bruchleiste bleiben stehen
3. Einschieben des Fällhebers
4. Durchtrennen der Halteleiste schräg von oben – keine Beschädigung der Motorsägekette durch Fällheber
5. Zufallbringen des Baums durch Anheben des Fällhebers (Rücken gerade halten!)

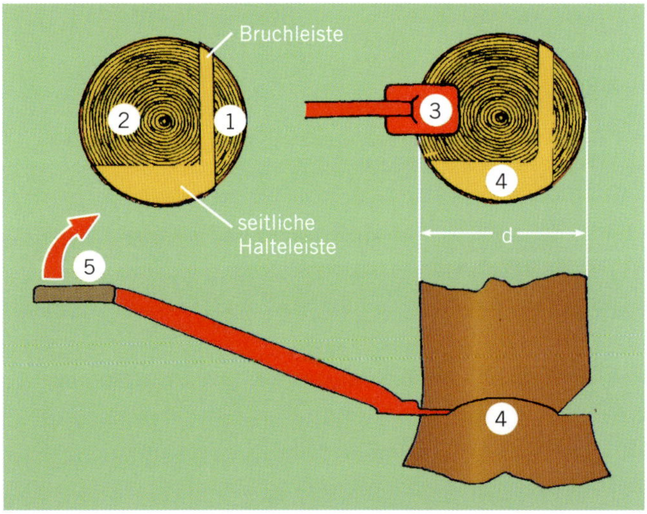

Schrägschnitt mit Fällboy

In ebenem bis leicht geneigtem Gelände und bei eingeklemmten Kronen (dichter Bestand). Der Stamm gleitet in den Fällboy, danach wird dieser mit dem Baum in die gewünschte Richtung gezogen.

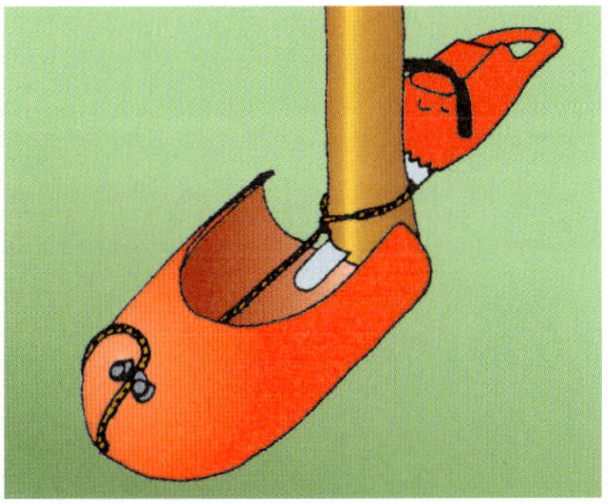

Für Bäume bis max. 20 cm ∅

Für Bäume bis max. 15 cm ∅

Die Axtentastung ist dort gerechtfertigt, wo relativ schwaches Astmaterial vorhanden ist und durch einen Axthieb der Ast glatt abgetrennt werden kann. Bei der Axtentastung ist es wichtig, dass möglichst auf der dem Körper abgewendeten Stammseite entastet wird.

Aufgaben:

- Was ist der Schwenkbereich der Motorsäge, und was ist dabei zu beachten?
- Welche Fällschnitte können im Schwachholz angewendet werden?
- Beschreiben Sie den Arbeitsablauf beim Fällheberschnitt!
- Wann kann der Fällboy eingesetzt werden?

Arbeitstechnik im Starkholz

Fällen

Im Fallbereich dürfen sich nur jene Personen aufhalten, die direkt mit der Fällung beschäftigt sind (Motorsägenführer und eventuell sein Helfer zum Keilen). Die Missachtung dieser Sicherheitsvorschrift führt alljährlich zu einer Anzahl tödlicher Unfälle, die leicht zu verhüten wären.

Bei starkem Wind und bei starker Sichtbehinderung (durch Nebel oder Schneefall) darf nicht gefällt werden.

Arbeitsablauf:

- Fällrichtung bestimmen
- Spannungsverhältnisse beurteilen (Rück-, Vor- oder Seithänger)
- Werkzeug richtig ablegen (griffbereit, nicht behindernd)
- Standplatz (Arbeitsplatz) frei machen (Äste, Steine …)
- Fluchtwege festlegen und frei machen
- Stamm bis in Kopfhöhe aufasten

- Starke Wurzelanläufe wegschneiden
- Fallkerb schneiden (ab 20 cm Durchmesser)
- Fallbereich überblicken – 1. Warnruf („Achtung“)
- Fällschnitt ausführen (Bruchleiste und -stufe beachten)
- 2. Warnruf („Achtung, Baum fällt!“)
- Fallbereich überblicken
- Umkeilen
- Schräg seitwärts zurücktreten (Fluchtweg) – unter ständiger Beobachtung der Baumkronen

Die Fällarbeit ist die gefährlichste Arbeitsphase der Holzernte. Mehr als die Hälfte der schweren und tödlichen Unfälle ereignen sich dabei.

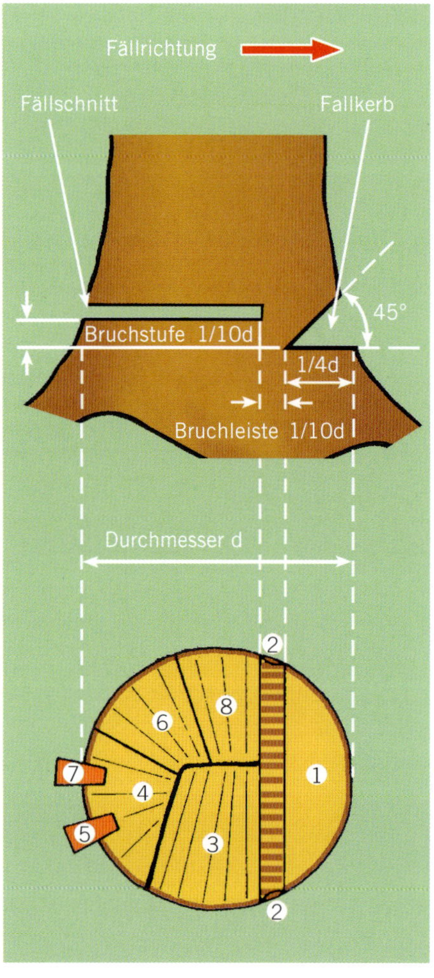

1. Fallkerb schneiden
2. Eventuell Bruchleiste und Bruchstufe markieren
3. Bei Bedarf Splintschnitte anbringen
4. Anstechen usw.
5. Splintschnitte anbringen
6. Anstechen zum Fällschnitt
7. Fällschnitt bis über die Mitte führen
8. Ersten Keil setzen
9. Fällschnitt weiterführen
10. Zweiten Keil setzen
11. Fällschnitt fertig schneiden

Richtiges Anstechen

1. Anschneiden mit der Schwertunterseite und einstechen
2. Zur Bruchleiste vorschneiden

Vorsicht: Rückschlaggefahr!

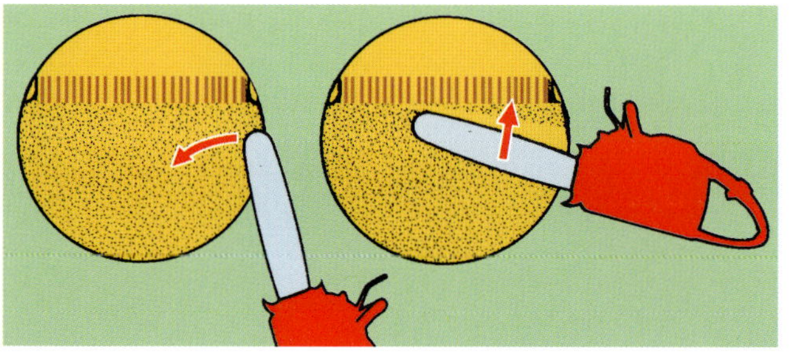

Der Vorhänger

1. Fallkerb schneiden
2. Splintschnitte
3. Warnruf und anstechen
4. Durchstechen und bis zur Halteleiste schneiden
5. Warnruf abgeben und Halteleiste von außen durchtrennen

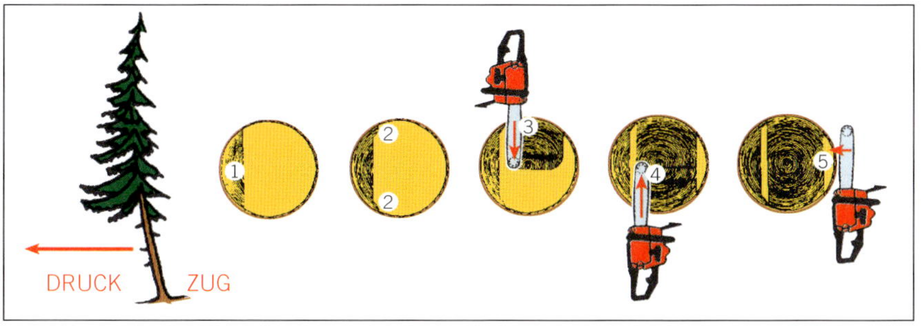

Der Rückhänger

1. Fällschnitt beginnen
2. Keil setzen
3. Fällschnitt fortsetzen
4. Aufkeilen, bis Baum gerade steht
5. Warnruf und Fallkerbschneiden (1/5 d)
6. Bruchleiste fertig schneiden
7. Warnruf und umkeilen

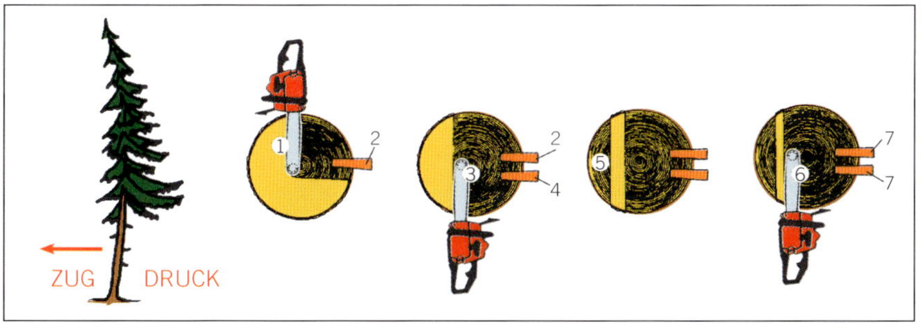

Der Seithänger

1. Fallkerb schneiden (1/4 d)
2. Warnruf und an der Druckseite anstechen
3. Fällschnitt beginnen
4. Keile setzen
5. Fällschnitt beenden, Bruchleiste an der Zugseite stärker belassen
6. Warnruf und umkeilen

Aufarbeiten

Ereignen sich beim „Fällen“ die folgenschwersten Unfälle, so ist die Arbeitsphase „Aufarbeiten“ jene Tätigkeit mit den meisten Unfällen. Üblicherweise wird beim Aufarbeiten (Entasten, Vermessen, Trennen und allenfalls noch Entrinden) nach der „Sortimentsmethode“ vorgegangen, das heißt, die Stämme werden in einem Arbeitsgang entastet, vermessen, zu Blochlängen zerteilt und für die Rückung bereitgestellt.

Die händische Entastung mit der Axt ist bei der Starkholzaufarbeitung heute weitgehend durch die Motorsägenentastung ersetzt worden.

Die Durchführung des Trennschnitts bei gespanntem Stamm hat so zu erfolgen, dass zuerst an der Druckseite eingeschnitten wird; erst anschließend wird an der Zugseite weitergeschnitten.

Der Motorsägenführer hat sich immer auf die ungefährliche Seite des Stamms zu stellen, das heißt auf die Druckseite (wenn ein Abrollen des Bloches zu befürchten ist, auf die Bergseite).

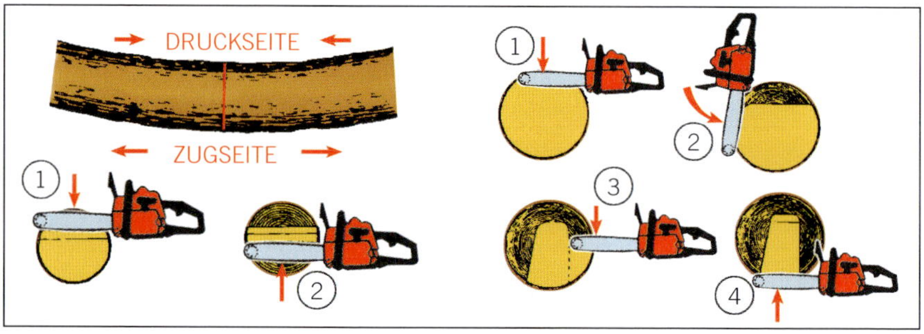

Arbeitstechnik beim Entasten mit der Motorsäge

Hebelmethode (bei schwächeren Ästen)

Der Standplatz des Motorsägenführers ist immer links vom Stamm.

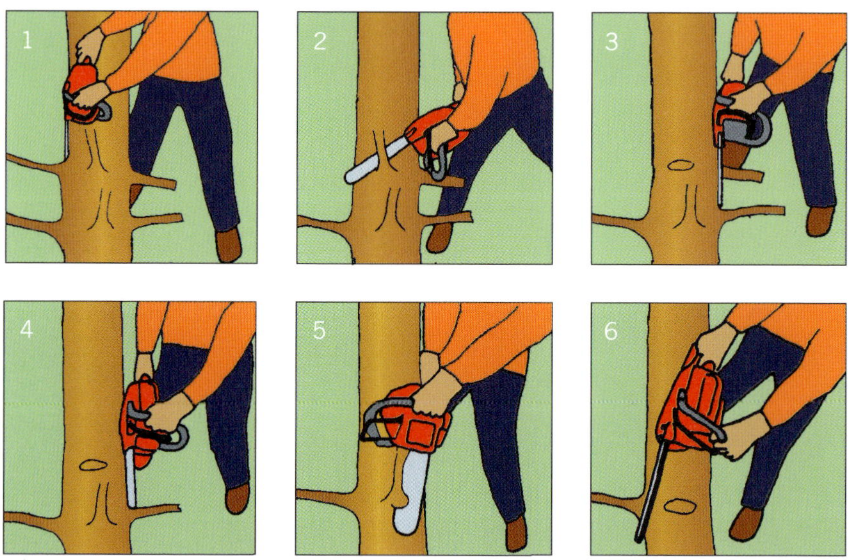

Es soll möglichst mit aufrechter Körperhaltung entastet werden, wobei das rechte Bein beim Stamm steht. Ein sicherer Standplatz und eine körpernahe Motorsägenführung mit Abstützen am Stamm oder am rechten Bein sind wesentliche Sicherheitsmomente.

Den Haltebügel immer mit geschlossenem Griff umfassen. Während der Entastungsschnitte auf der Stammoberseite und auf der linken Stammseite muss das linke Bein zur Seite gestellt werden.

Zur Vermeidung der Rückschlaggefahr nicht mit der Schwertspitze schneiden!

Am rationellsten kann ein gefällter Baum unter Zuhilfenahme eines Rollmaßbands aufgearbeitet werden. In einem Arbeitsgang wird der Stamm entastet und ausgeformt.

Scheitelmethode (bei starken Ästen)

Alle Äste werden nur von der Zugseite aus durchgeschnitten. Stark verspannte Äste können vorher gestummelt werden. Die Entastung beginnt in der Mitte (Scheitel) der Stammoberseite (siehe Bild oben rechts).

Schwingmethode

Entastet werden Äste bis rund 2 cm Stärke. Es wird in Abschnitten (2 bis 3 Astkränze, max. 1 Meter) vorgegangen (Siehe Grafik). Dabei wird die Säge links am Stamm nach vor und rechts oben mit einer Neigung von 45 Grad zurück sowie an der rechten Stammseite wieder senkrecht nach vorgeführt. Während des Weitergehens darf nicht geschnitten werden. Die Schwingmethode sollte nur von geübten Motorsägenführern angewendet werden.

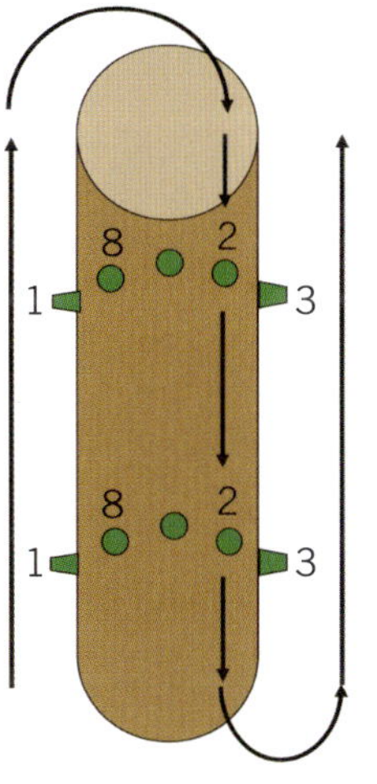

Zufallbringen von Aufhängern

Ein Großteil der Aufhänger im Starkholz entsteht durch ungenaue und hastige Arbeit. Sie sind durch vorheriges Festlegen der Fallrichtung weitgehend zu vermeiden. Stimmt die Fallrichtung nicht, kann durch Nachschneiden des Fallkerbes korrigiert werden.

Aufhänger müssen sofort zu Fall gebracht werden.

Methoden:

- Mit dem Sappel über den Stock hebeln
- Abhebeln mit gekreuzten Hölzern
- Abdrehen des Aufhängers mit einem Wendehaken
- Abziehen des Aufhängers mit einem Seilzuggerät oder mit der Traktorseilwinde (Umlenkrolle verwenden)

Verschiedene Möglichkeiten der Fällung von Aufhängern

Aufgaben:

- Zeichnen Sie einen Stammfuß mit Fallkerb und Fällschnitt (mit Beschriftung)!
- Beschreiben Sie den Arbeitsablauf beim Fällen eines a) Vorhängers, b) Rückhängers, c) Seithängers!
- Nennen Sie Grundregeln bei der a) Axtentastung, b) Motorsägenentastung!
- Wie wird ein gespannter liegender Stamm richtig getrennt?
- Welche Möglichkeiten gibt es zum Fällen eines Aufhängers?

Holzernte mit Harvester und Forwarder

Zunehmend werden auch im Bauernwald (Kleinwald) Harvester für die Durchführung des Holzeinschlags eingesetzt. Dieser Maschineneinsatz ist besonders bei der Aufarbeitung von Sturm- und Borkenkäferholz sowie bei der Schneebruchaufarbeitung im befahrbaren Gelände gerechtfertigt. Auch bei fehlendem Know-how des Waldbesitzers (Sicherheitsaspekt) bzw. bei Arbeitszeitmangel für die Durchführung der anstehenden Holznutzung kommen immer mehr Harvester zum Einsatz.

Voraussetzungen für einen kostengünstigen Harvestereinsatz sind die organisatorischen Vorarbeiten. Je mehr Holz in einem begrenzten Gebiet geschlägert und aufgearbeitet bzw. auch mit Forwarder gebracht werden kann, desto billiger sind die Erntekosten.

Windwurfaufarbeitung

Das Aufarbeiten von Windwurfholz ist besonders gefährlich und sollte daher nur von fachlich ausgebildeten Arbeitskräften (Forstfacharbeiter) durchgeführt werden.

Besondere Gefahren sind umkippende und abrollende Wurzelballen, gespannte Stämme, Auf- und Vorhänger, geknickte und abgebrochene Bäume, durcheinanderliegende Bäume, Unübersichtlichkeit und Nichterkennen von Gefahrensituationen.

Vor Arbeitsbeginn ist es notwendig, sich einen Überblick über die Situation und das Schadensausmaß zu verschaffen. Danach ist zu prüfen, ob ein Maschineneinsatz, wie Harvester (Fäll- und Aufarbeitungsmaschine), Bagger mit Greifzange und Seilwinde, Seilbringungsgeräte u. Ä. möglich ist. Jeder Maschineneinsatz verringert die Gefahrensituation. Auch die Möglichkeit der überbetrieblichen Zusammenarbeit (Maschinenring, Waldwirtschaftsgemeinschaft, Nachbarschaftshilfe …) soll geprüft werden.

Bei der Arbeitsausführung sind folgende Sicherheitsaspekte zu beachten:

- Vollständige persönliche Schutzausrüstung (PSA) verwenden
- Erste-Hilfe-Material bereitstellen, Notrufmöglichkeit (Handy) vorsehen
- Keine Alleinarbeit
- Arbeitsbeginn an der Windseite, möglichst nur Stocktrennschnitte mit Motorsäge ausführen
- Maschinell entzerren und aufarbeiten außerhalb der Wurffläche
- Wurzelballen sichern, nötigenfalls ein Stammstück zur Sicherung belassen
- Auf gespannte Stämme besonders achten, richtigen Standplatz wählen (auf Druckseite)
- Entsprechende Schneidetechnik „Druck – Zug" anwenden
- Aufhänger abziehen, keinen Aufhalter fällen
- Sicherheitsabstand zu anderen Waldarbeitern einhalten
- Hindernisfreie Fluchtwege (Rückweiche) schaffen und auf guten Standplatz achten

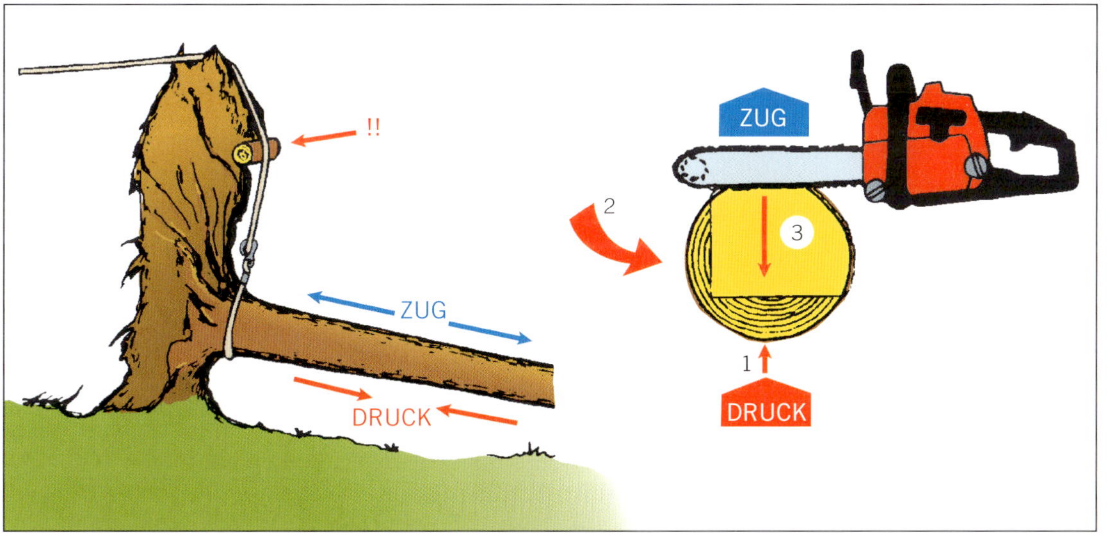

Absicherung des Wurzelballens mit Seilzug und entsprechendem Trennschnitt

> Große Gefahr geht bei der Windwurfaufarbeitung von ausgerissenen Wurzelballen, geworfenen, gebrochenen, durcheinanderliegenden und verspannten Stämmen sowie gelockerten und abgebrochenen Bäumen aus.

Bringung

Wird mit dem landwirtschaftlichen Traktor mehr Holz gerückt, sollte dieser mit einer Forstausrüstung versehen werden. Dazu gehören Astabweiser, Bodenschutzplatte, möglichst Allradantrieb und (bei extremer Witterung) entsprechende Gleitschutzketten.

Traktor mit Forstausrüstung und Seilwinde im Einsatz

Das Holzrücken mit der Traktorseilwinde erleichtert die Rückearbeit. Zur sicheren Arbeitsverrichtung sind jedoch einige Hinweise zu beachten:

- Der Traktor mit der Seilwinde ist stabil und sicher aufzustellen und abzustützen.
- Die Seilzugrichtung sollte möglichst der Traktorlängsachse entsprechen.
- Zuziehen erst nach sicherem Anhängen des Holzes und verlässlicher Verständigung zwischen Windenführer und Helfer.
- Das Mitfahren auf der Last, das Begleiten der Last und der Aufenthalt im Gefahrenbereich des Seiles und der Last sind verboten.
- Als Schutzausrüstung sind vom Bedienungspersonal Schutzhelm, Forstsicherheitsschuhe und Schutzhandschuhe zu verwenden.
- Nur ÖNORM-gerechte Seilwinden verwenden!
- Die Dreipunktanbauseilwinde muss der jeweiligen Traktorleistung entsprechen.

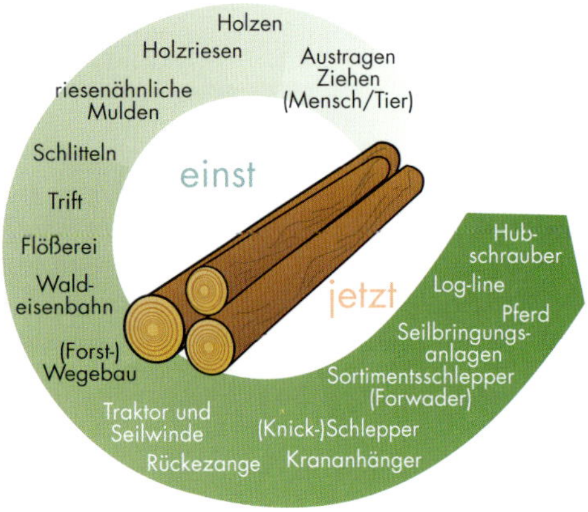

ÖNORM-gerechte Rückewinde

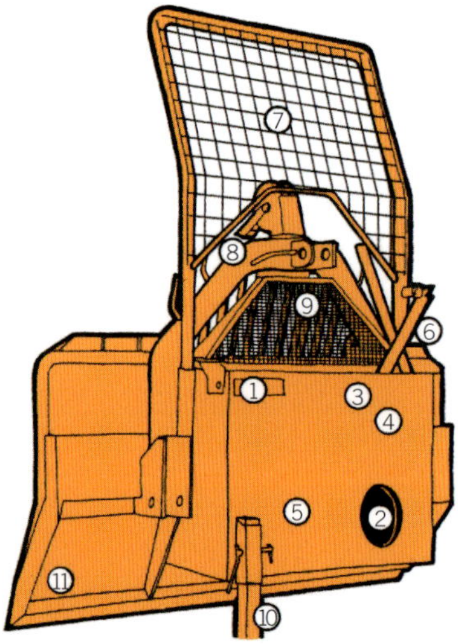

1. **Datenschild** mit Angaben über Herstellung, Baujahr, Typ, max./min. Seilzug, Seillänge, Seildurchmesser, Seilnennfestigkeit, Antriebsnennzahl, CE-Kennzeichnung
2. **Gesicherter Antrieb** (z. B. Gelenkwelle mit Schutz)
3. **Selbsteinfallende Bremse**
4. **Totmannschaltung für Kupplung**
5. **Überlastsicherung**
6. **Gekennzeichnete Bedienungselemente**
7. **Schutzgitter**
8. **Gesicherter Seileinlauf**
9. **Verkleideter Seilfreiraum**
10. **Windenabstellstütze**
11. **Rückenschild**

Die Totmannschaltung sieht vor, dass der Zuzug nur so lange erfolgt, solange die Kupplung aktiv betätigt wird.

Wird die Kupplung (Bedienungselement) losgelassen, wird der Zuzug unterbrochen. Damit die Last gehalten wird, muss die Windenbremse gleichzeitig wirksam werden (selbsteinfallende Bremse). Erst bei neuerlichem Betätigen der Kupplung (Zuzug) löst sich die Bremse automatisch.

Der Einsatz einer funkgesteuerten Seilwinde bringt eine Arbeitserleichterung (Wegeersparnis), rechnet sich jedoch aufgrund der höheren Anschaffungskosten erst bei der Rückung größerer Holzmengen.

Pro Tonne Zugkraft benötigt man etwa 10 Kilowatt Traktor-Zapfwellenleistung.

Der Gefahrenbereich innerhalb des Seilwinkels ist unbedingt zu meiden.

Kippmastseilkran im Einsatz

Mit Krananhänger

Im Bauernwald werden immer öfter Krananhänger zur Holzbringung im befahrbaren Gelände eingesetzt.

Um ein sicheres Arbeiten mit diesen Geräten zu gewährleisten, müssen bestimmte Vorschriften, Regeln und Hinweise beachtet werden.

Dabei ist auch die Bedienungsanleitung zu lesen und zu befolgen (Bild Krananhänger).

Krananhänger

Mit Seilkränen

Bestandsschonende Methode der Holzbringung im steilen Gelände.

Vorteile:

Bringung auch im unwegsamen Gelände (Geländestufen) witterungsunabhängig, bestands- und holzschonend.

Aufgrund der hohen Kosten eignet sich der Seilkran vorwiegend für den überbetrieblichen Einsatz.

Um die Seilkrananlage sicher und fachmännisch zu errichten, zu betreiben und abzubauen, ist der Besuch eines einschlägigen Spezialkurses in einer forstlichen Ausbildungsstätte erforderlich.

Mit Schwerkraft (Holzen, Liefern)

Älteste Form der Holzbringung. Unter Ausnützung günstiger Witterungs- und Geländeverhältnisse wird das Holz mittels Sappel bis zur Abfuhrstraße geliefert. Nachteile: Lieferschäden am verbleibenden Bestand; gefährlich.

Log-Line (Rinne aus Kunststoff)

Besonders bestands- und bodenschonend, für Stämme bis 30 cm Durchmesser geeignet.

Mit dem Pferd

Diese bestandsschonende Bringungsmethode gewinnt im Schwachholz wieder an Bedeutung. Einsatz bis 70 m Rückedistanz wirtschaftlich. Nebenerwerbsmöglichkeit für Landwirte.

Vorteile:

- Geringe Investitionskosten
- Geringe Rückeschäden
- Bodenschonung
- Umweltfreundlich
- Einmannarbeit (Mensch/Tier)
- Wendigkeit
- Kombination mit Traktor

Leistung:

- 0,2 bis 0,5 fm je Fuhre
- Tagesleistung bis 15 fm

Geeignete Pferderassen:

ruhige, ausgeglichene Pferde

- Haflinger
- Noriker

Log-Line

Ladegutsicherung:
Bei Fahrten auf öffentlichen Straßen sind die kraftfahr- und straßenverkehrsrechtlichen Bestimmungen einzuhalten. Transporte von Rundholz oder auch Ästen sind so zu sichern, dass im Fall einer Notbremsung oder beim Befahren von Steigungen niemand zu Schaden kommt. Die Beladung darf nur bis zum oberen Rand des Schutzgitters reichen. Sie ist mittig zu lagern, sodass beim Niederzurren möglichst wenige Hohlräume entstehen. Die Ladung ist mit eigens gekennzeichneten Gurten zu sichern. Beschädigte oder nicht gekennzeichnete Gurte dürfen nicht verwendet werden. Als Richtwert gilt: Bis 2,5 m sind mindestens 2 Zurrgurte, bis 5 m 3 Gurte und bis 6 m 4 Gurte erforderlich. Für die Sicherung des Kranarms ist ein eigener Zurrgurt erforderlich. Aufgrund der Einsatzbedingungen und des Transportgewichts sind die Maschinen mit einer Fremdkraftbremsanlage auszustatten.

Kosten der Holzernte

Die Kosten für die Erzeugung der verschiedenen Holzsortimente hängen vor allem von folgenden Faktoren ab:

- Durchschnittlicher Durchmesser der Stücke; Stück-Masse-Gesetz
- Bringungsentfernung; Bergauf- oder Bergabbringung mit Seilkran
- Geländeverhältnisse (Neigung) und Bringungserschwernisse (Gräben, Feuchtstellen Felsblöcke)
- Anzahl der Sortimente; Verteuerung der Bringung
- Anfallende Holzmenge; wegen der Überstellungskosten für Maschinen; insbesondere bei Harvester und Forwarder

Fällen, Entasten, Ausformen (Angaben in €/fm)

	Erstdurchforstung	Durchforstung	Endnutzung
Motormanuell	22	13	7
Harvester	18	12	9

Bringung (Angaben in €/fm)

RÜCKEGERÄT	Erstdurchforstung	Durchforstung	Endnutzung
Krananhänger	10	7	6

Die angeführten Kosten in Euro je Festmeter ohne Mehrwertsteuer sind als grobe Richtwerte für durchschnittliche Verhältnisse zu verstehen.

Bei der Seilbringung setzen sich immer mehr jene Geräte durch, die mit einem Prozessorkopf ausgestattet sind. Das Holz wird im Baumverfahren geerntet und nach der Bringung an der Forststraße – meist während der Leerfahrt des Laufwagens und dem Anhängen der nächsten Last – vom Bediener des Seilkrans entastet, ausgeformt und sortimentsweise für den Abtransport gelagert. Die Kosten der Holzernte mit Seilbringung betragen meistens mehr als 30 Euro pro Festmeter.

Aufgaben:

- Wie können Unfälle bei der Aufarbeitung von Windwürfen vermieden werden?
- Welche Ausrüstung sollte ein landwirtschaftlicher Traktor, der für die Holzrückung eingesetzt wird, besitzen?
- Welche Vorteile hat die Pferderückung?
- Welche Vor- und Nachteile hat die Schwerkraftrückung?

Seile

Stahldrahtseile und Kunststoffseile

Stahldrahtseile

Stahldrahtseile zählen zu den sichersten und verlässlichsten Maschinenelementen. Bei ordnungsgemäßer Anwendung und richtiger Pflege ist eine lange Lebensdauer zu erwarten.

Erster Einsatz von Stahldrahtseilen: 1834 bei der Schachtförderung. Ab 1873 fabrikmäßige Fertigung.

Die Seile werden nach ihrer Machart in zwei Gruppen eingeteilt – in SPIRALSEILE und LITZENSEILE.

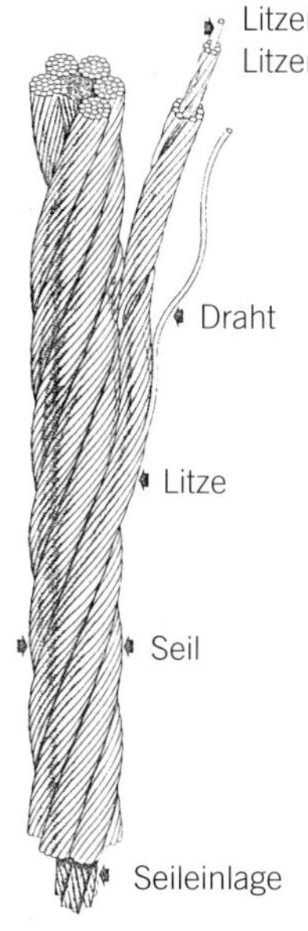

Spiralseile

Sie bestehen aus Einzeldrähten ohne Einlage. Sie sind steif, empfindlich gegen Knickung und Beschädigungen, haben aber eine geringe Abnützung. Groß dimensionierte Umlenkrollen und Seiltrommeln sind erforderlich.

Verwendung: als Tragseile für stationäre Seilanlagen.

Litzenseile

Litzenseile sind zweimal geflochtene Seile. Ein Litzenseil wird aus einer Einlage (Seele) und Seillitzen (für forstliche Einsätze mind. 6) aufgebaut. Dabei werden die ein- oder mehrlagigen Seillitzen um die Einlage geschlungen.

Konstruktionsmerkmale (Macharten)

1. Schlaglänge

   Die Schlaglänge ist die Ganghöhe einer Litze im Seil (bzw. der Drähte einer Lage in der Litze).

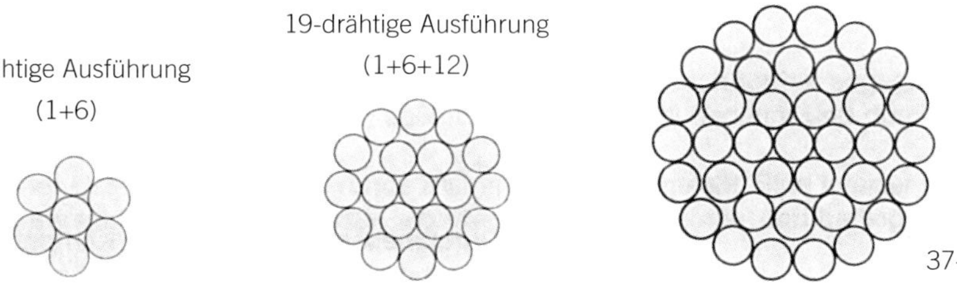

2. Schlagrichtung

Rechtsschlag oder

Linksschlag

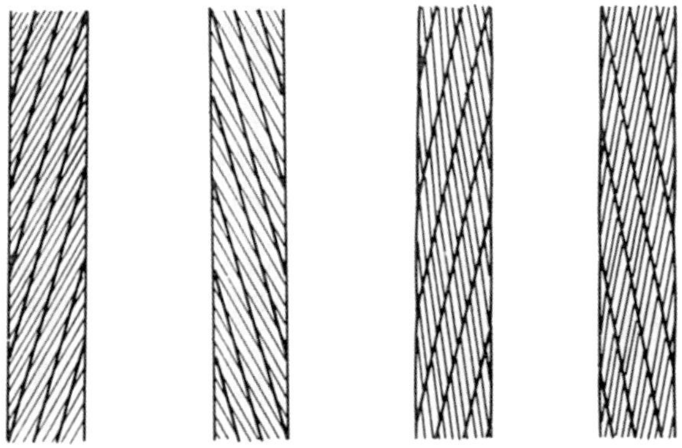

Gleichschlag rechtsgängig, linksgängig; Kreuzschlag rechtsgängig, linksgängig

3. Schlagart

Die Schlagart bezeichnet die Schlagrichtung der Drähte in den Litzen zu jener der Litzen im Seil.

Gleichschlagseile haben eine geringe Abnützung (lineare Berührung der Außendrähte), sind biegsamer und elastischer. Der Nachteil ist jedoch ihr Bestreben, sich bei Belastung um die eigene Achse zu drehen (Drall).

Kreuzschlagseile haben günstigere Dralleigenschaften, sind jedoch steifer und neigen bei Knicken eher zu Drahtbrüchen. Die Abnützung erfolgt punktförmig.

4. Schlagweise

- Normalschlag (Standardverseilung):

Drähte gleichen Durchmessers werden um einen Kerndraht verseilt. Punktförmige Berührung der Drähte der einzelnen Lagen führt zum vorzeitigen Verschleiß im Inneren der Litze.

- Parallelschlag:

Lineare Berührung der Drähte.

Litze mit verschiedenen Windungslängen der einzelnen Drahtlagen

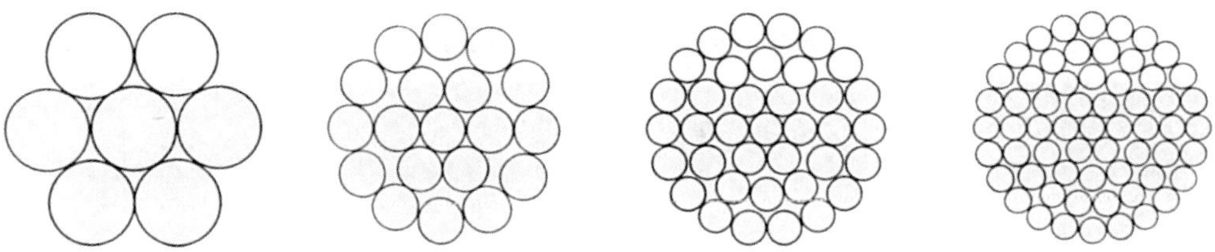

Einlagige Litze	Mehrlagige Litze		
7-drähtige Litze	19-drähtige Litze	37-drähtige Litze	61-drähtige Litze
Flechtformel: 1+6	1+6+12	1+6+12+18	1+6+12+18+24

Litze mit gleichen Windungslängen der einzelnen Drahtlagen

Seale-Machart

Die Anzahl der Innen- und Außendrähte ist gleich. Dadurch sind die Außendrähte dicker, das Seil verschleißfester und gut biegsam.

Warrington-Machart

Die obere Drahtlage besteht aus der doppelten Anzahl von Drähten mit ungleichem Durchmesser. Warringtonseile sind noch biegsamer als Sealeseile, jedoch haben sie höheren Verschleiß bei Steinen und scharfen Kanten.

Warrington-Seale-Machart

Vereinigt Vorteile beider Systeme. Außen starke Drähte, innen Drähte mit verschiedenen Durchmessern. Hohe Bruchfestigkeit, langlebig, biegsam.

Spezialdrahtseile

Sie haben eine Kunststofflage zwischen Stahleinlage und Litzen (hohe Strukturstabilität, optimale Einbettung der Litzen, bessere Fettung des Seils).

Durch das „Verdichten" der einzelnen Elemente werden die Eigenschaften des Stahlseils weiter verbessert (eigenes Herstellungsverfahren). Verdichtete (gehämmerte) Seile haben eine um 30–40 % höhere Bruchfestigkeit gegenüber herkömmlichen Seilen. Glatte Oberfläche, geringer Abrieb. Hohe Bruchlast bedeutet kleinere Seildurchmesser (= größeres Fassungsvermögen von Seiltrommeln) bei gleicher Sicherheit!

Berechnungsgrößen

Nennfestigkeit

Die Nennfestigkeit ist ein Gütewert des Drahtwerkstoffs und dient zur Bestimmung der rechnerischen Bruchlast.

Nennfestigkeiten für allgemeine Verwendungszwecke: z. B. 1 570 N/mm^2, 1 770 N/mm^2, 1 960 N/mm^2.

Seile mit geringer Festigkeit sind biegsamer und neigen weniger zu dauerhaften Verformungen und Drahtbrüchen (z. B. bei kleinem Rollendurchmesser).

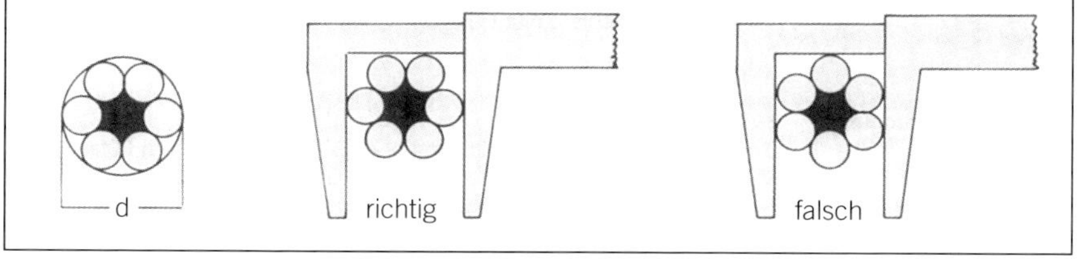

Richtiges Messen des Durchmessers

Beanspruchungsarten von Seilen

1. Zugbeanspruchung

   Für die Belastung des Seils auf Zug wird die rechnerische Bruchlast als theoretischer Wert (Nennfestigkeit × Querschnitt aller tragenden Drähte) sowie die Mindestbruchlast angegeben.

   Da bei Belastung nicht alle Einzeldrähte gleichmäßig zum Tragen kommen, entspricht die angegebene Mindestbruchlast etwa der tatsächlichen Bruchlast.

2. Biegebeanspruchung

   Entscheidend für die Lebensdauer eines Seils ist der Mindestdurchmesser von Rollen und Trommeln (Mindestdurchmesser etwa 300-facher Einzeldrahtdurchmesser oder 30-facher Seildurchmesser).

   Gegenläufige Biegung ist am schädlichsten! Einen weiteren Einfluss haben Drahtfestigkeit und Seilgeschwindigkeit.

3. Reibung, Aufpressdruck und Korrosion

Ein sachgemäßer Umgang ist für die Lebensdauer des Seils und für die Arbeitssicherheit entscheidend!

Richtiges Abrollen vom Ring … oder noch besser, da keine Verschmutzung — Falsch

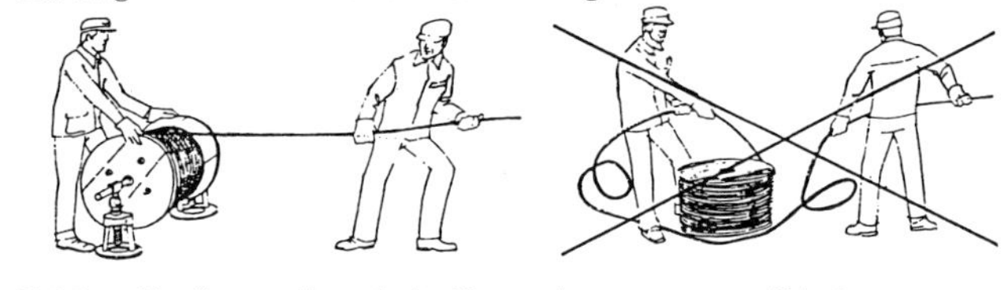

Richtiges Abrollen von Haspel oder Trommel — Falsch

Handhabung und Wartung von Stahldrahtseilen:

- Seile sind trocken, in nicht zu kleinen Ringen oder Rollen und nicht direkt auf dem Boden (Korrosion) aufzubewahren.
- Abrollen (siehe Abb. links)
- Immer unter Spannung aufspulen!
- **Achtung:** Bereits geringfügiges Verdrehen des Seils um seine Längsachse bewirkt die Bildung von Schlingen. Beim Zusammenziehen derselben entstehen „Klanken", „Körbe" oder „Aufdoldungen". Sie lassen sich nicht mehr reparieren und zwingen zur Ablage des Seils!
- Seile nicht über Kanten ziehen oder quetschen und keine ruckartigen Belastungen!
- Beim Fehlen einer Spuleinrichtung kann nur dann entsprechend aufgespult werden, wenn der Seileinlauf mindestens die 20-fache Trommelbreite entfernt ist.
- Neue oder wenig „gereckte" Seile neigen nach dem Durchtrennen zum „Aufspringen".
- **Abhilfe:** Vor dem Durchtrennen beiderseits der Trennstelle mit Draht oder Isolierband abbinden.
- **Blanke Seile** können durch Einölen oder Fetten gegen Rost geschützt werden. Den besten Schutz gegen Korrosion bieten verzinkte Seile.

Seilverwendung

Bei Seilen für Rückewinden ist auf eine hohe Bruchlast (verdichtete Seile) und kleinen Seildurchmesser (wegen Seilfassungsvermögen) zu achten. Es eignen sich Kreuzschlagseile mit Stahleinlagen.

Tragseile sollten möglichst dicke Außendrähte haben und genügend biegsam (d. h. vieldrähtig) sein. Hier eignen sich Seile mit 216-drähtiger Warrington-Seale-Machart.

Abspannseile sollen dünndrähtig und verzinkt sein. Normal-Machart.

Seilverbindungen

Seillängsverbindungen

Kurzspleiß: Verbindung zwischen zwei annähernd gleichen Litzenseilen (gleiche Anzahl von Litzen und gleiche Schlagrichtung ist notwendig). Verwendung nur für untergeordnete Zwecke (Verdickung an der Spleißstelle, 30 % Bruchlastverlust).

Langspleiß: Spleißbar sind nur 6-litzige Litzenseile mit

- gleichem Durchmesser,
- gleicher Schlagrichtung und -länge,
- gleicher Seilkonstruktion.

Beste und haltbarste Verbindung von zwei Litzenseilen, keine Verdickung an der Spleißstelle.

Seilendverbindungen

Kauschenspleiß, Ederkausche: Rasche Anfertigung, kaum Werkzeug notwendig.

Klemmverbindungen

Schraubenverbindungen

- Backenzahnklemme (Bügelklemme)
- Laschenklemme, z. B. für Tragseilverankerung

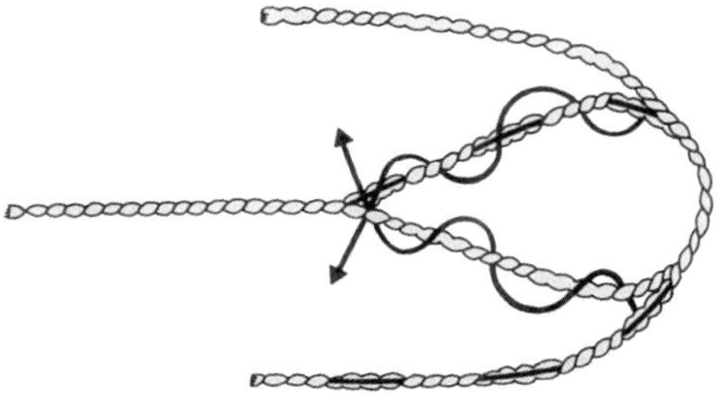

Seilendverbindungen

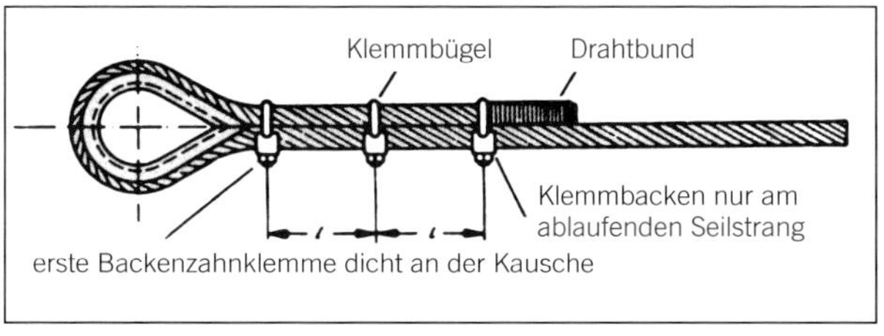

Backenzahnklemme (Bügelklemme)

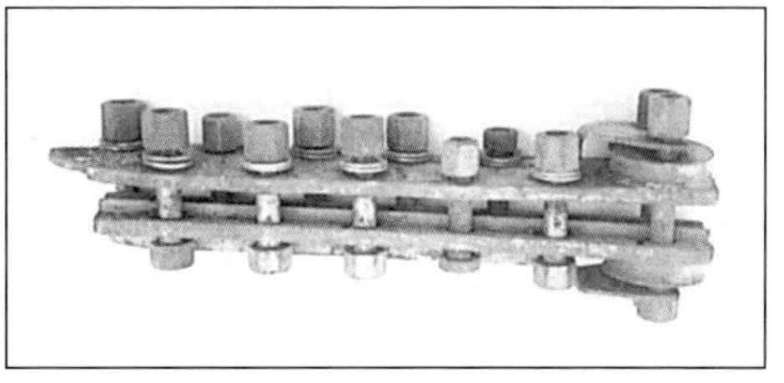

Laschenklemme

Keilverbindungen

Pressverbindungen

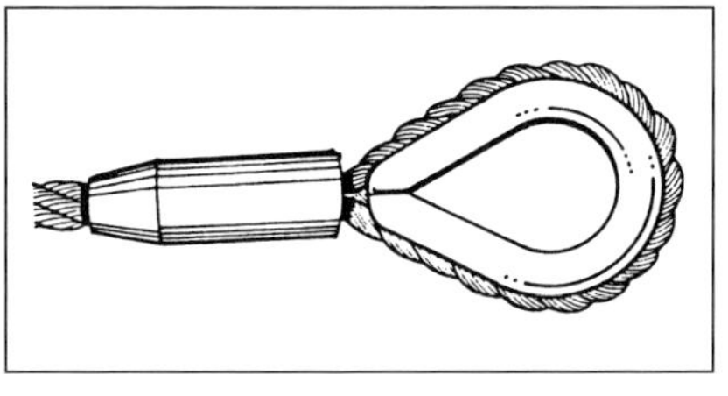

Knotenverbindungen

- Einfache und doppelte Waldschleife, Holzklang

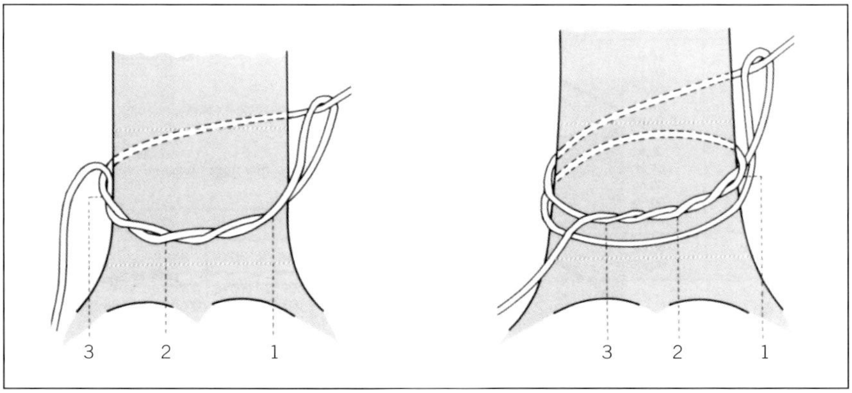

Einfache Waldschleife Doppelte Waldschleife

- Weberknoten (gut lösbar)

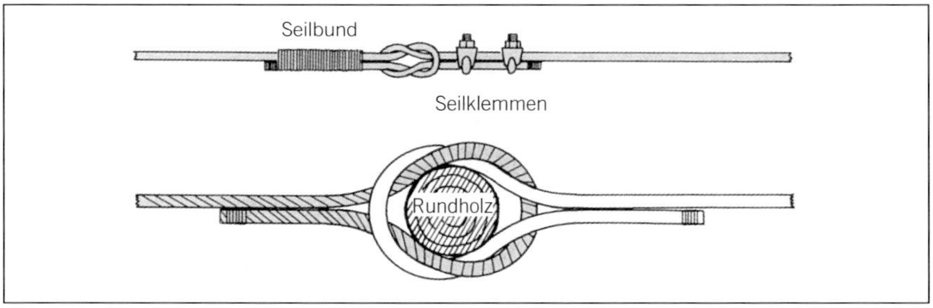

- Kopfschlag (bei Zugbeginn ist die Seilklemme erforderlich)

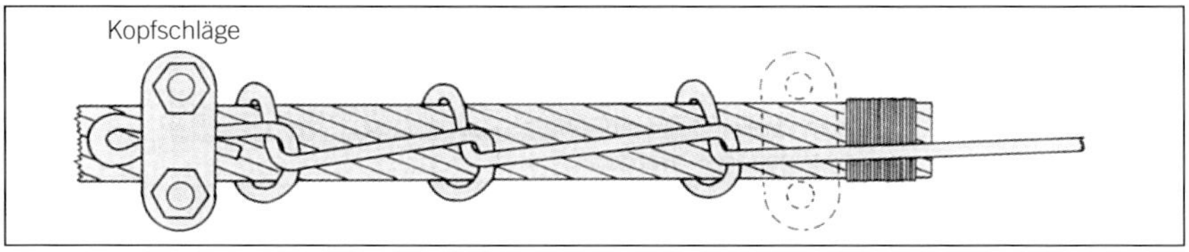

- Zulaufender Bindeknoten, Log-line-Knoten (für Faserseile, gut lösbar)
- Achterknoten (lässt sich auch nach starker Belastung wieder lösen)

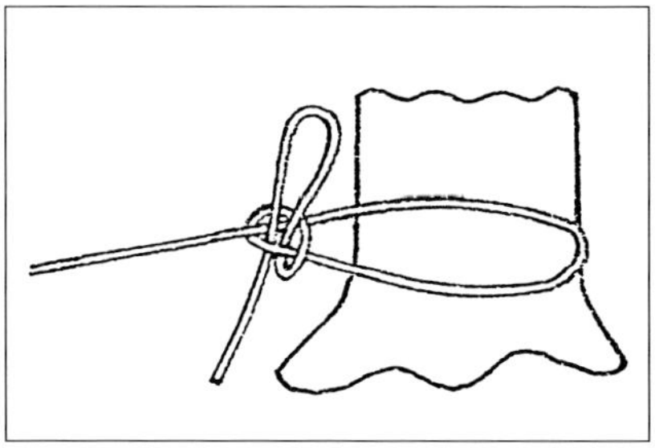

Kunststoffseile:

Seit einigen Jahren werden bei der Holzbringung trotz des höheren Preises auch Kunststoffseile eingesetzt.

Vorteile:

- Geringes Gewicht
- Geringe Dehnung
- Hohe Bruchfestigkeit
- Gut spleißbar

Umlenkflasche (Umlenkrolle)

Sie finden in der Forstwirtschaft als Umlenk-, Montage-, Endmast-, Zugseilboden- und Flaschenzugrollen Verwendung.

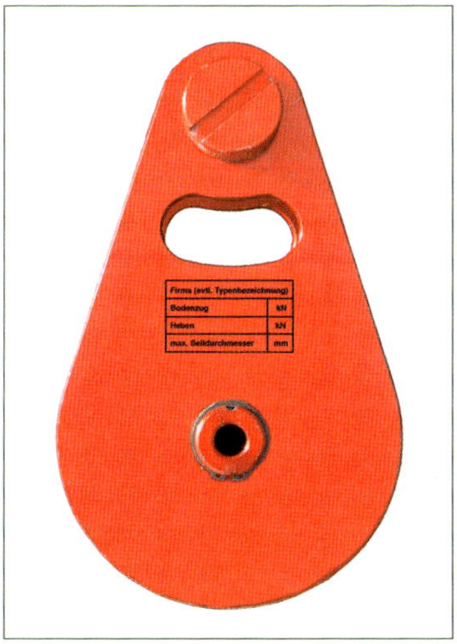

Anforderungen an gute Seilrollen:

- Leichtgewicht und hohe Festigkeit
- Großer Rollendurchmesser (mindestens der 14-fache Seildurchmesser)
- Leicht zu öffnen
- Sicherer Verschluss
- Entgleisungsschutz für das Seil
- Kugellagerung mit Dauerschmierung
- Normgerecht (gem. ÖNORM L 5277)

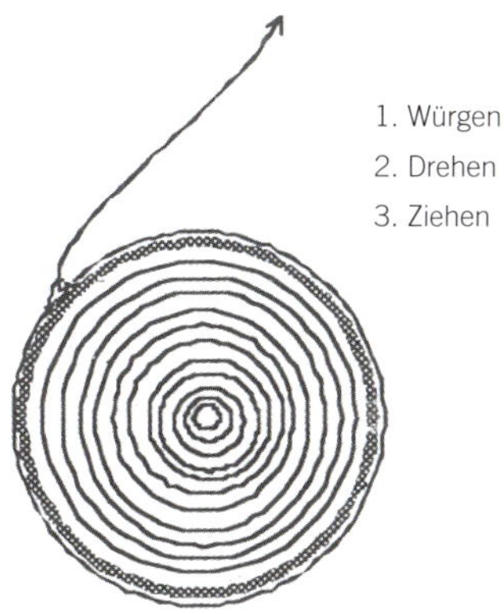

Holz richtig anhängen

Die Umlenkrolle und ihre Aufhängung müssen beim Bodenzug mindestens für die doppelte Seilzugkraft bemessen sein!

Seilzugkraft und Seilnenndurchmesser müssen dauerhaft auf der Seilrolle ersichtlich sein!

Aufgaben:

- Wie ist ein Litzenseil aufgebaut?
- Vergleiche Gleichschlag- mit Kreuzschlagseilen.
- Worauf ist bei der Handhabung mit Stahldrahtseilen zu achten?
- Nennen Sie Seilendverbindungen.
- Nennen Sie die Vor- und Nachteile von Kunststoffseilen.
- Üben Sie mit Faserseilen die Knotenverbindungen.

Holzlagerung

Nach der Schlägerung ist das Holz der Gefahr der Entwertung ausgesetzt durch:

- Insekten (Fraßgänge)
- Pilze (Moderfäule, Rotstreif, Verfärbung)
- Rasche Austrocknung (Risse)

Einige Tipps zur richtigen Holzlagerung:

Wo?

Meide:

- weichen Untergrund
- feuchte, windstille Orte bzw.
- sehr trockene, windige Lagen
- pralle Sonne

Günstig:

- immer und leicht mit Lkw erreichbar
- luftige Lage
- (Halb-)Schatten

Wie?

Auf Unterlagern – dem Käuferwunsch entsprechend sortiert, z. B. getrennt nach Baumarten, Sortimenten.

Bei Massenvermehrung von Forstschädlingen besteht laut Forstgesetz Meldepflicht bei der Bezirksverwaltungsbehörde!

Hackholzlagerung mit Unterlagen

Brennholz:

Sollte wegen der besseren Austrocknung auf doppelten Unterlagern liegen.

> Holz sollte nach der Schlägerung (günstigster Zeitpunkt ist die Saftruhe) möglichst rasch aus dem Wald transportiert werden.

Aufgaben:

- Welche Grundsätze sollten bei der Lagerung von Holz berücksichtigt werden?

Forstaufschließung

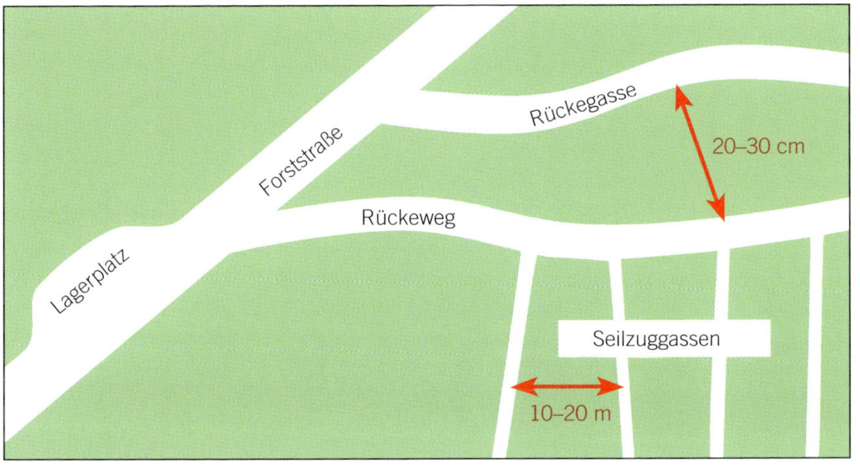

Forststraße

Ansprechpartner sind in erster Linie Forstangestellte der Bezirkshauptmannschaften und der Bezirksbauernkammern. Die *Planung* von Forstwegen wird von Forstakademikern durchgeführt. Nach Planung und *Trassierung* kann mit dem *Trassenaushieb* begonnen werden. Das geschlägerte Holz wird nach Möglichkeit außerhalb der Trasse gelagert oder mit dem Bagger vorgerückt. Die *Rohtrasse* (Rohplanum) wird mit Löffelbagger, Laderaupe oder Schubraupe hergestellt. Es ist besonders wichtig, von allem Anfang an auf die Ableitung des Wassers zu achten!

Das Maß für den Aufschließungsgrad eines Betriebes ist die Wegdichte (WD).

$$\text{WD} = \frac{\text{Lkw-befahrbarer Weg in Laufmeter (lfm)}}{\text{produktive Waldfläche im Betrieb (ha)}}$$

Aufschließungsziel im Kleinwald:

30 bis 50 lfm/ha

Wegabstand: zwischen 250 und 300 m

Wegbreite: mindestens 3,5 m

(Rohtrasse: 5,5 m)

Steigung: nicht unter 3 % (Vernässung) und nicht über 12 % (Erosion)

Die vielfältigen Funktionen eines Waldwegs

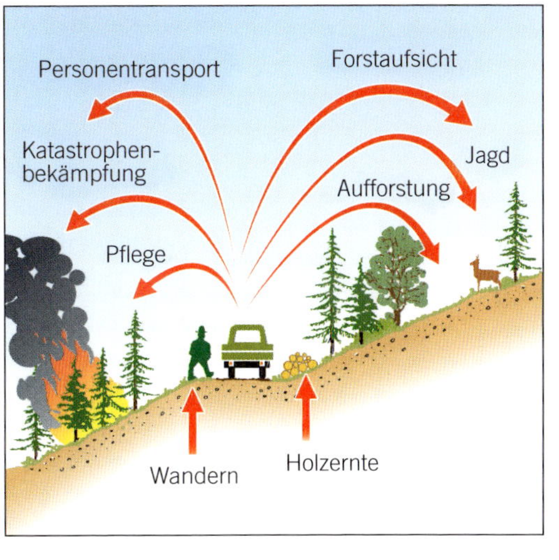

Die Forstaufschließung ist die Voraussetzung für eine rationelle Forstwirtschaft. Durch Wege wird eine sachgemäße und den Wald schonende Waldbewirtschaftung zu allen Jahreszeiten ermöglicht.

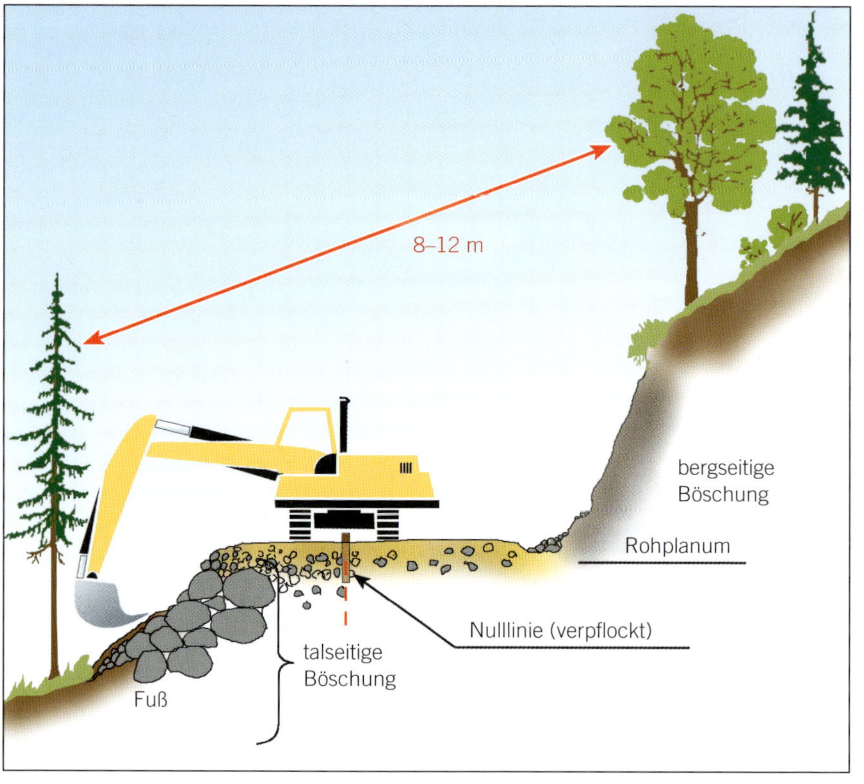

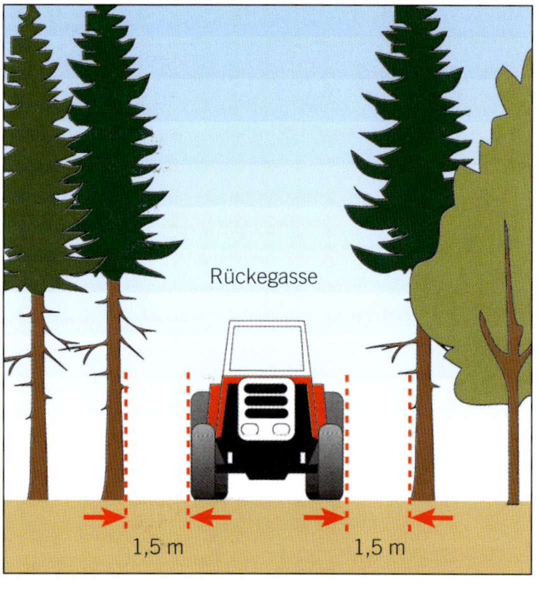

Rückeweg und Rückegasse

Das Forststraßennetz wird durch Rückewege und Rückegassen (bzw. Seilzuggassen) ergänzt (siehe auch Kapitel „Dickungspflege").

Wegerhaltung

Forstwege müssen laufend instand gehalten werden. Der größte Feind der Wege ist das Wasser.

Wichtige Instandhaltungsarbeiten:

- Reinhalten von Wasserspulen
- Reinhalten von Durchlässen und Straßengräben
- Rasche Ausbesserung von Fahrbahnschäden bei feuchter Witterung
- Nicht Spurfahren

Der Bau von Forststraßen und Rückewegen ist der Forstbehörde zu melden!

Nicht Spurfahren!

„Der Zustand der Wege ist das Spiegelbild eines Betriebes."
„Waldbau beginnt mit dem Wegebau."

Aufgaben:

- Worin liegt die große Bedeutung der Forstaufschließung?
- Nennen Sie übliche Steigungen, Wegbreiten und Wegdichten!
- Welche Möglichkeiten der Wasserableitungen gibt es?
- Welche sind die wichtigsten Wegerhaltungsmaßnahmen?
- Beschriften Sie nachstehende Zeichnung:

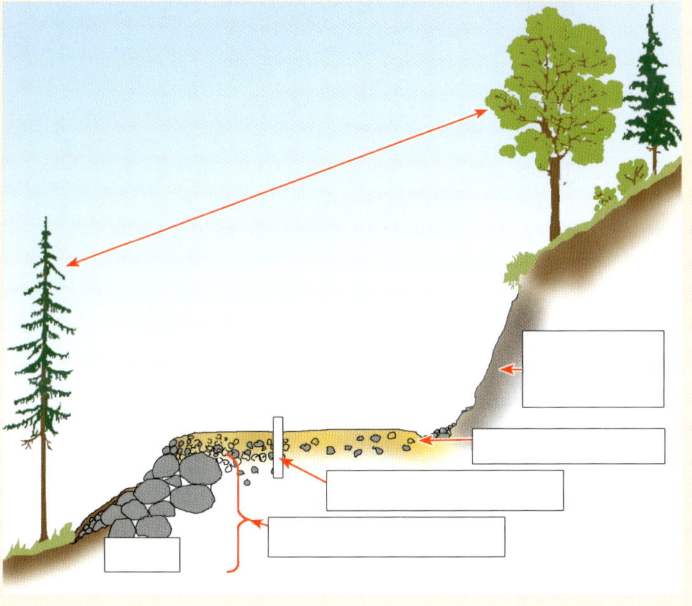

Holzmesskunde, Ausformung, Holzverkauf, Marketing

Zwei wichtige Hinweise:

- Die rechtliche Grundlage für die meisten nachfolgenden Regeln bilden die Österreichischen Holzhandelsusancen (ÖHU).
  Die ab 01.01.2007 geltende, neu überarbeitete Fassung enthält einige wesentliche Änderungen!
- Von der Landwirtschaftskammer Österreich wird die Broschüre „Holz richtig ausgeformt – höherer Erlös“ herausgegeben. Sie ist bei den Beratungsstellen (Bezirksbauernkammer, Bezirksforstinspektion) erhältlich.

Holzmesskunde

Maß- und Verrechnungseinheiten

Für Rohholz sind dreistellige Kurzbezeichnungen handelsüblich.

MASSEINHEIT (1. Buchstabe)	ZUSTAND (2. Buchstabe)	VERRECHNUNGS-MASS (3. Buchstabe)	Früher verwendete Abkürzung
F (Festmeter)			Fm, fm
R (Raummeter)	**M** (mit Rinde)	**M** (mit Rinde)	Rm, rm
A (atro-Tonne)	**O** (ohne Rinde)	**O** (ohne Rinde)	atro- Tonne, t- atro
K (Kubikmeter)			K, m^3

Beispiele:

FMM = Festmeter; mit Rinde geliefert, mit Rinde gemessen und verrechnet
FMO = Festmeter; mit Rinde geliefert, ohne Rinde gemessen und verrechnet
RMM = Raummeter; mit Rinde geliefert, mit Rinde gemessen und verrechnet

Weitere Maßeinheiten:

Laufmeter: Stangen, Puntelli
Stück: Maste
Schüttraummeter: Hackgut (Hackschnitzel), ofenfertiges Brennholz

Fachgerechte Holzausformung, Wissen und Geschick beim Holzverkauf entscheiden über den wirtschaftlichen Erfolg der Waldbewirtschaftung.

Holzmessregeln

Längenmessung, Übermaß

Für die Längenmessung ein Rollmaßband verwenden!

- Die Messung beginnt beim halben Fallkerb oder Spranz.
- Bei schrägen Endabschnitten wird die kürzeste verwertbare Länge gemessen.
- Es ist ein Längenübermaß zu geben. Dieses bleibt bei der Volumsberechnung unberücksichtigt. Wird von einem Käufer mehr Übermaß verlangt, ist das ausdrücklich zu vereinbaren und im Schlussbrief festzuhalten!

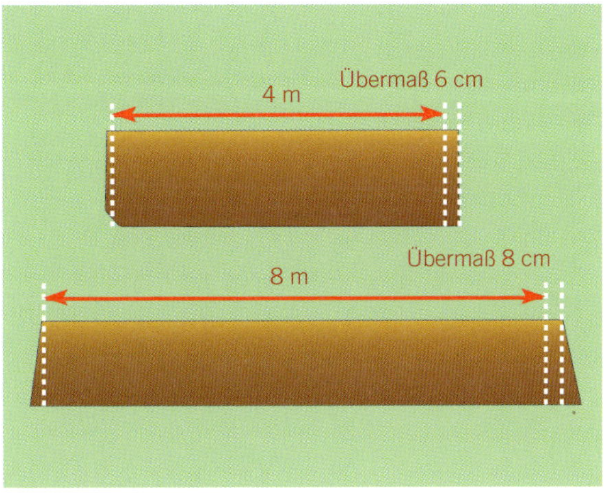

Vorgeschriebenes Übermaß

	SORTIMENT	Grundsätzlich	Mindestens	Höchstens
SÄGERUNDHOLZ	Bloche; Doppelbloche	1 % der Länge	6 cm	20 cm
	Langholz	2 % der Länge	–	–
	Laubholz	1,5 % der Länge	6 cm	–
SONDERSORTIMENTE	Starkmaste	10 cm/Stück	–	–
	Waldstangen, Maste	1 % der Länge	–	–

Fehlerhafte Längenmessung oder zu wenig Übermaß führen zu Längenabzügen.

Durchmessermessung

Zum Messen des Durchmessers wird eine geeichte Messzange (Kluppe) verwendet. Laut Eichgesetz ist die Verwendung, aber auch die Bereithaltung ungeeichter und ungenauer Messzangen strafbar.

Messzangen müssen alle 2 Jahre nachgeeicht werden. Das Jahr der Eichung bleibt unberücksichtigt.

Vor dem Messen Kluppe überprüfen auf:

- Gültigkeit des Eichstempels
- Messgenauigkeit (eventuelle Beschädigungen)
- Der Durchmesser **wird bei der halben Länge** des Stammes **(Mittendurchmesser)** gemessen. Das Längenübermaß bleibt unberücksichtigt.
- Stämme **bis 19 cm** Durchmesser misst man nur einmal (waagrechter Durchmesser).
- Stämme ab **20 cm** Durchmesser sind **zweimal**, und zwar kreuzweise zu messen (nach Möglichkeit größter und kleinster Durchmesser).

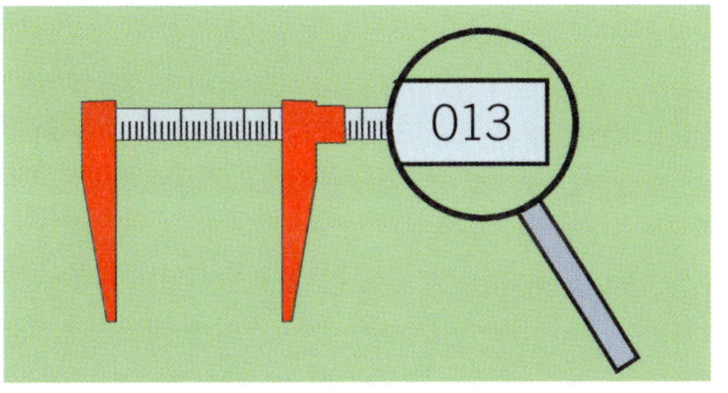

Die hier abgebildete Messkluppe wurde 2013 geeicht und darf bis einschließlich 31.12.2015 verwendet werden. Die Ziffer für das Jahrtausend wird nicht eingeprägt; daher 013 für das Jahr 2013.

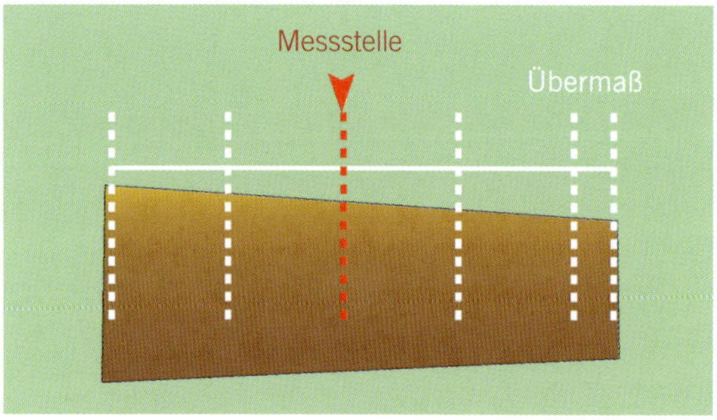

Messstelle zur Feststellung des Mittendurchmessers m

- Treten an der Messstelle Unregelmäßigkeiten (z. B. Beulen, Verletzungen) auf, ist zweimal zu messen, und zwar in gleichem Abstand zur Messstelle in Richtung zum stärkeren als auch zum schwächeren Stammende.
- Sämtliche Messungen und Berechnungen des Mittels sind auf volle Zentimeter abzurunden (siehe Beispiel).
- Die Kluppe muss beim Messen mit der Schiene das Holz berühren.

Das sogenannte **„Anzwicken“** ist verboten!

Man versteht darunter das Messen des Durchmessers mit den Enden der Kluppenschenkel bei gleichzeitigem kräftigem Zusammendrücken derselben. Man erhält dadurch ein zu niedriges Messergebnis (siehe Abbildung)!

- Wird Holz in Rinde gemessen, ist ein Rindenabschlag festzulegen.

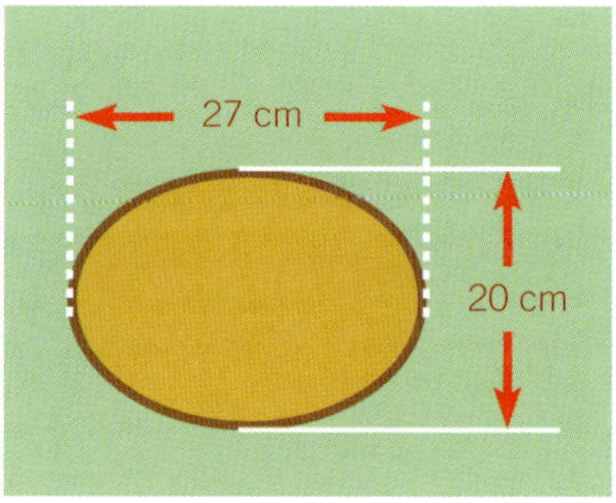

Beispiel für die Abrundung:

23 cm + 20 cm = 43 cm

im Mittel: 21,5 cm

Durchmesser des Stammes: 21 cm

z. B. für Fichte:	bis inkl. 29 cm Mittendurchmesser	**1 cm** Rindenabschlag
	ab 30 cm Mittendurchmesser	**2 cm** Rindenabschlag

Man kann auch sogenannte „Kubierungstabellen“ verwenden, bei denen der Rindenabzug berücksichtigt wird.

Messen von Schichtholz

Schichtholz wird in **Raummetern** (einschließlich Rinde) gemessen.

Schichtholz ist so aufzusetzen, dass keine vermeidbaren Zwischenräume entstehen.

Bei der Übergabe muss Schichtholz auch im trockenen Zustand maßhaltig sein. Das bedeutet für frisches Holz:

- 5 % Übermaß bei der Höhe (ein 1-Meter-Zaun muss 1,05 m hoch sein).
- 15 % Abzug für die Masse bei Kreuzstößen.

Im geneigten Gelände müssen Längen- und Höhenmessungen rechtwinklig zueinander erfolgen (siehe Abbildung).

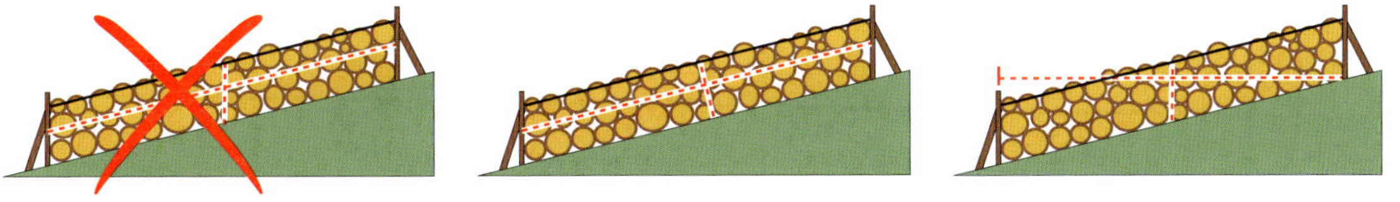

Aufschreibung

Wenn möglich, sollte das Holz vor dem Verkauf eigenhändig gemessen, qualifiziert und das Ergebnis auf dem Stirnende des Stammes mit Försterkreide angeschrieben werden.

Die Kontrolle der meist vom Holzübernehmer durchgeführten Abmaß und Qualifizierung wird dadurch wesentlich erleichtert.

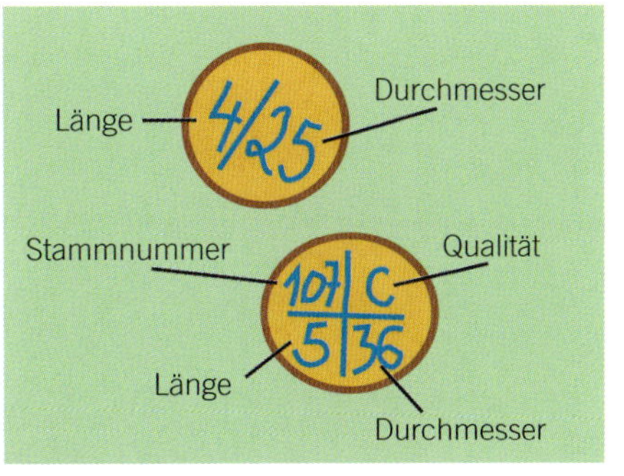

Zwei Beispiele für die Beschriftung der Stammenden

Starkholz

Beim Messen wird üblicherweise jedes Stück durch eine fortlaufende Nummer gekennzeichnet. Das Ergebnis der Abmaß wird in ein Nummernbuch (Nummernliste) in der Reihenfolge Stücknummer, Länge, Durchmesser, Qualität, Baumart eingetragen. Die Nummern auf dem Stamm und in der Abmaßliste sind identisch. Kontrolle und Reklamationen sind möglich. Bei großen Stückzahlen werden auch Punktierlisten oder Strichlisten verwendet.

Nummer	Länge m	Durchmesser cm	Kubikinhalt fm	Anmerkung
1	5	21	0,17	Fi, C
2	4	24	0,18	Ki
3	4	23	0,17	Fi
4	3	28	0,18	
5	4	34	0,36	
6	3	26	0,16	Fi, Br
7	5	31	0,38	Fi
8	5	20	0,16	Lä
9	4	31	0,30	Fi
10	4	24	0,18	

Beispiel für eine Nummernliste

Schwachholz

Wegen der großen Stückzahl und des geringen Festmetergehalts wird auf eine Nummerierung verzichtet.

Markiert werden die gemessenen Stücke meistens durch Farbpunkte mit dem Farbmarkierhammer. Anzahl und/oder Farbe der Punkte zeigen an, um welches Sortiment es sich handelt.

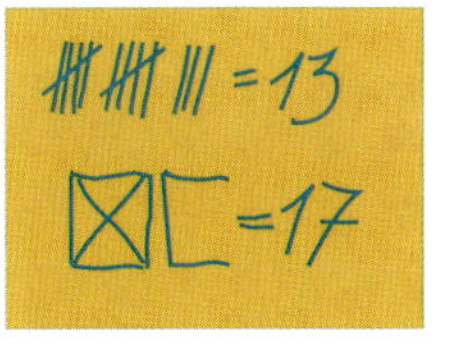

Schwachholz: Die Aufschreibung erfolgt in Punktierlisten oder Strichlisten.

Volumsermittlung

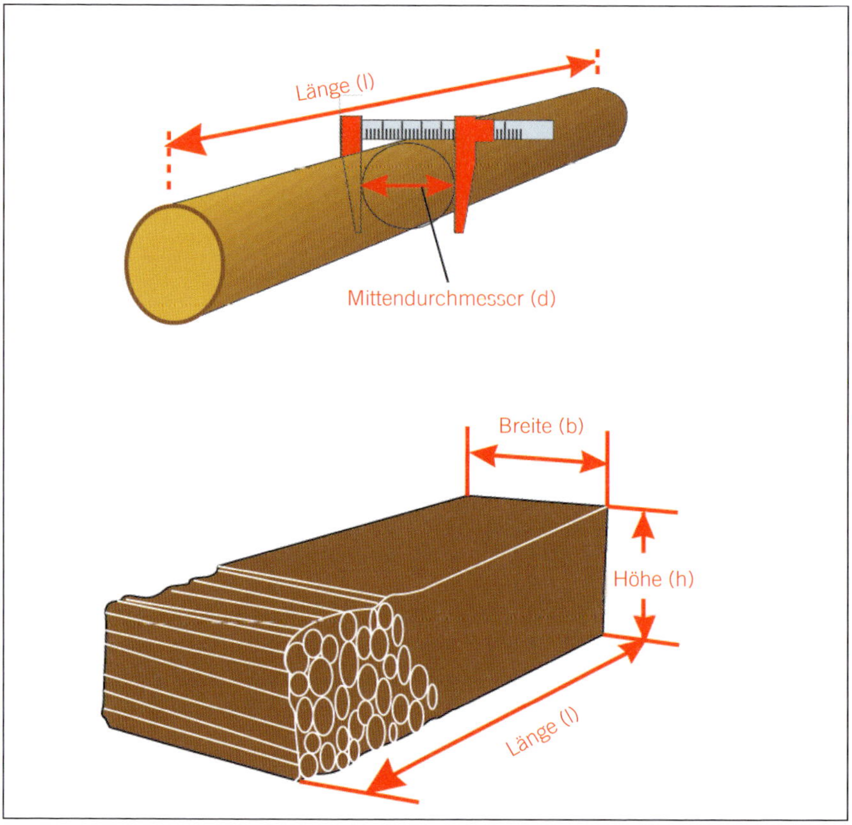

Rundholz wird nach Festmetern, Schichtholz nach Raummetern gemessen.

Rundholz

$$V_{fm} = \frac{d^2 \times \pi}{4} \times 1$$

d = Mittendurchmesser (in m)

l = Länge (in m)

$\pi = 3{,}14$

Schichtholz

$$V_{rm} = 1 \times h \times b$$

l = Länge (in m)

h = Höhe (in m)

b = Breite (in m)

Aus Kubierungstabellen kann das Volumen in Festmetern je nach Durchmesser und Länge des Stücks herausgelesen werden.

Tabelle zum Ablesen des Festgehalts von Rundhölzern*) (ohne Rinde!)

Durch messer in cm	Länge in Meter 2,50	2,60	3,00	3,50	4,00	4,50	5,00	5,20	5,50	6,00	6,50	7,00	Durch-messer in cm
6	0,01		0,01	0,01	0,01	0,01	0,01		0,02	0,02	0,02	0,02	6
7	0,01		0,01	0,01	0,02	0,02	0,02		0,02	0,02	0,03	0,03	7
8	0,01		0,02	0,02	0,02	0,02	0,03		0,03	0,03	0,03	0,04	8
9	0,02		0,02	0,02	0,03	0,03	0,03		0,04	0,04	0,04	0,04	9
10	0,02		0,02	0,03	0,03	0,04	0,04		0,04	0,05	0,05	0,05	10
11	0,02		0,03	0,03	0,04	0,04	0,05		0,05	0,06	0,06	0,07	11
12	0,03		0,03	0,04	0,05	0,05	0,06		0,06	0,07	0,07	0,08	12
13	0,03		0,04	0,05	0,05	0,06	0,07		0,07	0,08	0,09	0,09	13
14	0,04		0,05	0,05	0,06	0,07	0,08		0,08	0,09	0,10	0,11	14
15	0,04		0,05	0,06	0,07	0,08	0,09		0,10	0,11	0,11	0,12	15
16	0,05		0,06	0,07	0,08	0,09	0,10		0,11	0,12	0,13	0,14	16
17	0,06		0,07	0,08	0,09	0,10	0,11		0,13	0,14	0,15	0,16	17
18	0,06		0,08	0,09	0,10	0,11	0,13		0,14	0,15	0,17	0,18	18
19	0,07		0,09	0,10	0,11	0,13	0,14		0,16	0,17	0,18	0,20	19
20	0,08		0,09	0,11	0,13	0,14	0,16		0,17	0,19	0,20	0,22	20
21	0,09	0,09	0,10	0,12	0,14	0,16	0,17	0,18	0,19	0,21	0,23	0,24	21
22	0,10	0,10	0,11	0,13	0,15	0,17	0,19	0,20	0,21	0,23	0,25	0,27	22
23	0,10	0,11	0,12	0,15	0,17	0,19	0,21	0,22	0,23	0,25	0,27	0,29	23
24	0,11	0,12	0,14	0,16	0,18	0,20	0,23	0,24	0,25	0,27	0,29	0,32	24
25	0,12	0,13	0,15	0,17	0,20	0,22	0,25	0,26	0,27	0,29	0,32	0,34	25
26	0,13	0,14	0,16	0,19	0,21	0,24	0,27	0,28	0,29	0,32	0,35	0,37	26
27	0,14	0,15	0,17	0,20	0,23	0,26	0,29	0,30	0,32	0,34	0,37	0,40	27
28	0,15	0,16	0,18	0,22	0,25	0,28	0,31	0,32	0,34	0,37	0,40	0,43	28
29	0,17	0,17	0,20	0,23	0,26	0,30	0,33	0,34	0,36	0,40	0,43	0,46	29
30	0,18	0,18	0,21	0,25	0,28	0,32	0,35	0,37	0,39	0,42	0,46	0,49	30
31	0,19	0,20	0,23	0,26	0,30	0,34	0,38	0,39	0,42	0,45	0,49	0,53	31
32	0,20	0,21	0,24	0,28	0,32	0,36	0,40	0,42	0,44	0,48	0,52	0,56	32
33	0,21	0,22	0,26	0,30	0,34	0,39	0,43	0,44	0,47	0,51	0,56	0,60	33
34	0,23	0,24	0,27	0,32	0,36	0,41	0,45	0,47	0,50	0,54	0,59	0,64	34
35	0,24	0,25	0,29	0,34	0,38	0,43	0,48	0,50	0,53	0,58	0,63	0,67	35
36	0,25	0,26	0,31	0,36	0,41	0,46	0,51	0,53	0,56	0,61	0,66	0,71	36
37	0,27	0,28	0,32	0,38	0,43	0,48	0,54	0,56	0,59	0,65	0,70	0,75	37
38	0,28	0,29	0,34	0,40	0,45	0,51	0,57	0,59	0,62	0,68	0,74	0,79	38
39	0,30	0,31	0,38	0,42	0,48	0,54	0,60	0,62	0,66	0,72	0,78	0,84	39
40	0,31	0,33	0,38	0,44	0,50	0,57	0,63	0,65	0,69	0,75	0,82	0,88	40
41	0,33	0,34	0,40	0,46	0,53	0,59	0,66	0,69	0,73	0,79	0,86	0,92	41
42	0,35	0,36	0,42	0,48	0,55	0,62	0,69	0,72	0,76	0,83	0,90	0,97	42
43	0,36	0,38	0,44	0,51	0,58	0,65	0,73	0,76	0,80	0,87	0,94	1,02	43
44	0,38	0,40	0,46	0,53	0,61	0,68	0,76	0,79	0,84	0,91	0,99	1,06	44
45	0,40	0,41	0,48	0,56	0,64	0,72	0,80	0,83	0,88	0,95	1,03	1,11	45
46	0,42	0,43	0,50	0,58	0,66	0,75	0,83	0,86	0,91	1,00	1,08	1,16	46
47	0,43	0,45	0,52	0,61	0,69	0,78	0,87	0,90	0,95	1,04	1,13	1,21	47
48	0,45	0,47	0,54	0,63	0,72	0,81	0,90	0,94	1,00	1,09	1,18	1,27	48
49	0,47	0,49	0,57	0,66	0,75	0,85	0,94	0,98	1,04	1,13	1,23	1,32	49
50	0,49	0,51	0,59	0,69	0,79	0,88	0,98	1,02	1,06	1,18	1,28	1,37	50
51	0,51	0,53	0,61	0,72	0,82	0,92	1,02	1,06	1,12	1,23	1,33	1,43	51
52	0,53	0,55	0,64	0,74	0,85	0,96	1,06	1,10	1,17	1,27	1,38	1,49	52
53	0,55	0,57	0,66	0,77	0,88	0,99	1,10	1,15	1,21	1,32	1,43	1,54	53
54	0,57	0,60	0,69	0,80	0,92	1,03	1,15	1,19	1,26	1,37	1,49	1,60	54
55	0,59	0,62	0,71	0,83	0,95	1,07	1,19	1,24	1,31	1,43	1,54	1,66	55
56	0,62	0,64	0,74	0,87	0,99	1,11	1,23	1,28	1,36	1,48	1,60	1,72	56
57	0,64	0,66	0,77	0,89	1,02	1,15	1,28	1,33	1,40	1,53	1,66	1,79	57
58	0,66	0,69	0,79	0,92	1,06	1,19	1,32	1,37	1,45	1,59	1,72	1,85	58
59	0,68	0,71	0,82	0,96	1,09	1,23	1,37	1,42	1,50	1,64	1,78	1,91	59
60	0,71	0,74	0,85	0,99	1,13	1,27	1,41	1,47	1,56	1,70	1,84	1,98	60

*) Diese Tabelle entspricht den Bedingungen der Österreichischen Holzhandelsusancen gemäß Z 12-12, Abs. 7.

Elektronisches Rundholzmessen

Bei vielen Kaufabschlüssen für Sägerundholz wird die Vermessung im Werk des Käufers auf einer behördlich geeichten, elektronischen Messanlage durchgeführt.

Für die Durchmesserermittlung sind in der Praxis vor allem Anlagen in Betrieb, die aus mehreren Messungen um den Bereich der halben Stammlänge den Mittendurchmesser ermitteln. Die Ergebnisse der elektronischen Messung bezüglich Holzmasse liegen meist geringfügig über den händisch gemessenen Werten.

Unbedingt die Abfuhr und, wenn möglich, auch die Messung überwachen! Dem Verkäufer muss ein vollständig ausgefüllter Lieferschein übergeben werden! Dieser ist ein wichtiges Dokument für die Lieferung von Holz und bei Reklamationen ein Anhaltspunkt für Menge, Holzart und Sortiment.

Gewichtsvermessung

Bei der Gewichtsvermessung, die vor allem bei Industrieholz (Schleif- und Faserholz, Holz für die Plattenindustrie) und bei Holz für eine thermische Verwertung (Hackgut) üblich ist, wird im Werk das absolute Trockengewicht (atro) der Holzladung ermittelt. Mit einer Kettensäge wird aus der Ladung eine Spanprobe nach genau festgelegten Richtlinien entnommen. Diese Späne werden zuerst gewogen, dann getrocknet und anschließend nochmals gewogen. Aus dem Gewichtsunterschied kann man den Wassergehalt in Prozenten ermitteln und auf das Trockengewicht der Ladung zurückrechnen.

Zwischen Forstwirtschaft und Industrie werden Umrechnungszahlen von Gewicht auf Festmeter einvernehmlich festgelegt.

Holzausformung

Das Zerschneiden eines Stammes in verkaufsfähige und marktgerechte Stücke heißt ausformen. Wirtschaftliches Handeln – mit dem Ziel, aus dem Holzverkauf den größtmöglichen Erlös zu erwirtschaften – erfordert vor dem Ausformen des Holzes die Klärung folgender Fragen:

- Welche Sortimente will mein Käufer?
- Wie hoch ist deren Preis?
- Welche Sortimente soll ich ausformen, um den höchsten Gewinn zu erzielen?
- Welche Längen mit wie viel Übermaß werden gewünscht?

Obwohl man häufig durch den Käuferwunsch nach bestimmten Längen und Sortimenten in der Ausformung gebunden ist, sollten trotzdem die später folgenden Ausformungsregeln eingehalten werden!

Um das Holz richtig ausformen zu können, muss man über Stärkeklassen, Holzfehler, Qualitätsansprüche und Sortimente Bescheid wissen.

Die Einhaltung der Ausformungs- und Qualitätsbestimmungen ist für den erzielbaren Preis entscheidend.

Stärkeklassen

Die Verwendungsmöglichkeiten für den Rohstoff Holz hängen wesentlich von seinem Durchmesser ab. Deshalb hat sich die Bezahlung von Sägerundholz nach dem Mittendurchmesser fast allgemein durchgesetzt.

HOLZART	1 fm Holz FOO wiegt (in kg)	Rindenanteil in Prozent	1 fm Holz FMO wiegt (in kg)	Umrechnungs-faktor von AMM auf FMO
Fichte/Tanne	427	12	475	2,11
Kiefer	510	13	570	1,75
Lärche	545	13	625	1,60
Rotbuche	650	8	707	1,41

Erläuterung: Ein Festmeter Fichtenrundholz, ohne Rinde geliefert, gemessen und verrechnet (FOO), wiegt 427 kg. Zählt man 12 % Rinde dazu, erhält man 475 kg (FMO). Für eine atro-Tonne Holz, in Rinde mit Rinde verrechnet, benötigt man 2,11 FMO Rundholz.

Das Sägerundholz wird nach seinem **Mittendurchmesser ohne Rinde** in Stärkeklassen eingeteilt.

STÄRKEKLASSE	MITTENDURCHMESSER in cm	
	von	bis
D 0	–	9
D 1a	10	14
D 1b	15	19
D 2a	20	24
D 2b	25	29
D 3a	30	34
D 3b	35	39
D 4	40	49
D 5	50	59
D 6+	60 und mehr	

Beispiele:
19 cm = 1b
20 cm = 2a
34 cm = 3a
35 cm = 3b
54 cm = 5
68 cm = 6+

Holzmerkmale

Holz ist ein natürlicher Rohstoff, dessen Aufbau und Verwendbarkeit durch die für die jeweilige Baumart typischen Holzmerkmale stark beeinflusst wird.

Die bedeutendsten Holzmerkmale sind:

Astigkeit

Fest verwachsene Äste: Sie werden vom Baum noch miternährt und sind daher mit dem umgebenden Holz fest verwachsen.

Nicht fest verwachsene Äste: abgestorbene Äste. Man erkennt sie an einem deutlichen schwarzen Ring an der Grenze zum Holz des Stammes. Können beim Trocknen des Schnittholzes herausfallen.

Fauläste: von holzzerstörenden Pilzen befallen; häufig bei Laubholz

Chinesenbart: Zeichnung auf der Rinde von Buchen; zeigt eingewachsene Äste an (oft Fauläste).

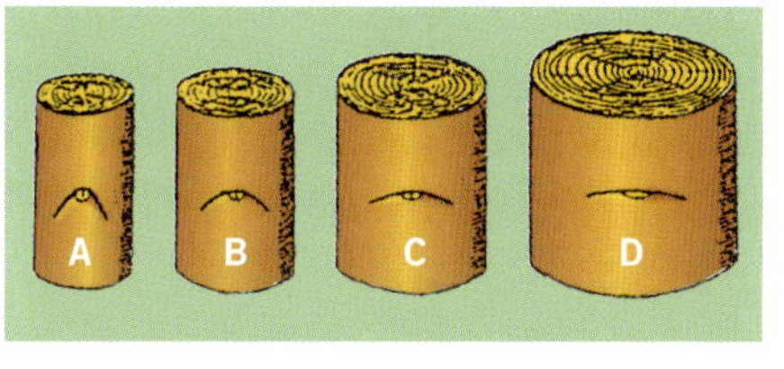

Formveränderung der „Chinesenbärte“ an Buche

Bild A: Astüberwallung am Beginn

B-D: Fortschreiten der Überwallung durch Dickenwachstum

Abholzigkeit

Abnahme des Durchmessers zum Zopf (schwächeres Stammende) hin. Sie wird in Zentimeter je Laufmeter gemessen. Der Wurzelanlauf zählt nicht.

Fest verwachsener Ast

Nicht fest verwachsener Ast

Faulast

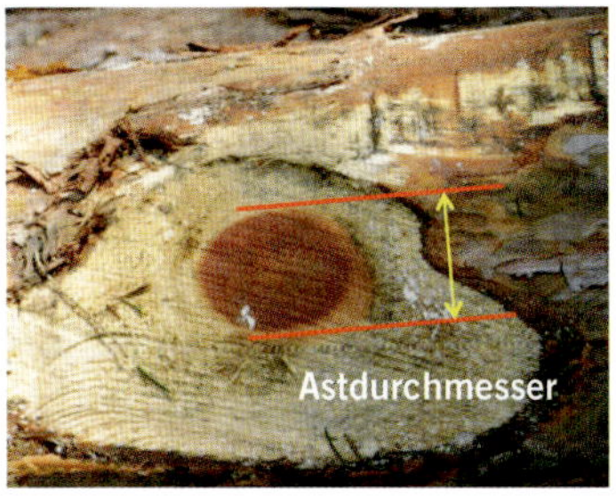

Die Jahrringe des Astansatzes bleiben unberücksichtigt.

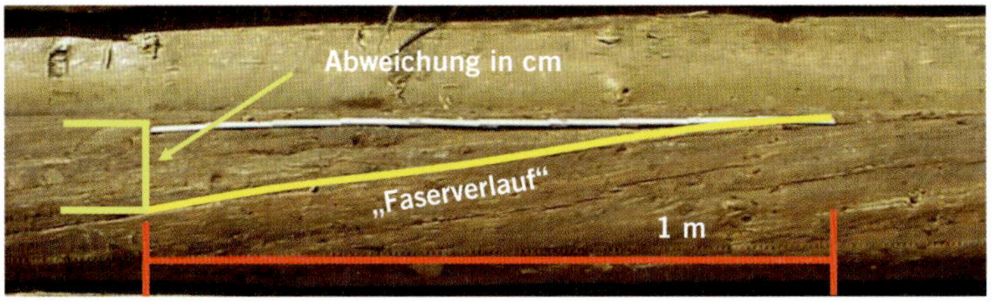

Messen des Drehwuchses

Berechnung: Durchmesser am starken Ende des Stammes minus Zopfdurchmesser dividiert durch die Länge des Stücks ergibt die Abnahme des Durchmessers je Laufmeter.

Beispiel: Durchmesser am starken Ende: 36 cm; Durchmesser am schwachen Ende: 22 cm; Länge: 8 m

36 cm – 22 cm = 14 cm;

14 cm : 8 lfm = 1,75 cm/lfm

Drehwuchs

Schraubenartiger Verlauf (Drehung) der Holzfasern um die Stammachse

Maßeinheit: Zentimeter pro Laufmeter

Krümmung

einseitig: Krümmung in einer Ebene

zweiseitig: Krümmung in zwei Ebenen; z. B. nach oben oder unten und nach einer Seite

Maßeinheit: Zentimeter Pfeilhöhe je Laufmeter in Prozent des Mittendurchmessers

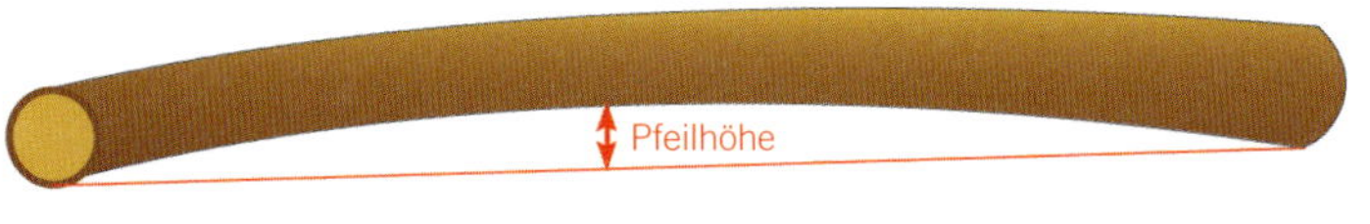

Messung: Man spannt z. B. ein Forstmaßband entlang des Stamms und misst an der Stelle mit der stärksten Krümmung den Abstand zwischen Maßband und Stamm (= Pfeilhöhe).

Der Wurzelanlauf bleibt bei der Messung unberücksichtigt!

Buchs

Auch Rotholz, echiges Holz oder Druckholz genannt. Verfärbte Verdichtung der Jahrringe als Reaktion auf Zug oder Druck.

Maßeinheit: Prozent des Durchmessers der Sichtfläche

Messung: Summe der Breite der buchsigen Stellen in radialer Richtung; buchsfreie Zwischenräume werden nicht mitgemessen.

Messen des Buchses

Ringschäle

Riss entlang eines Jahrringes, häufig bei einem plötzlichen Wechsel der Jahrringbreiten. Siehe Abbildung!

Maßeinheit: Durchmesser in Prozent des Durchmessers der Sichtfläche

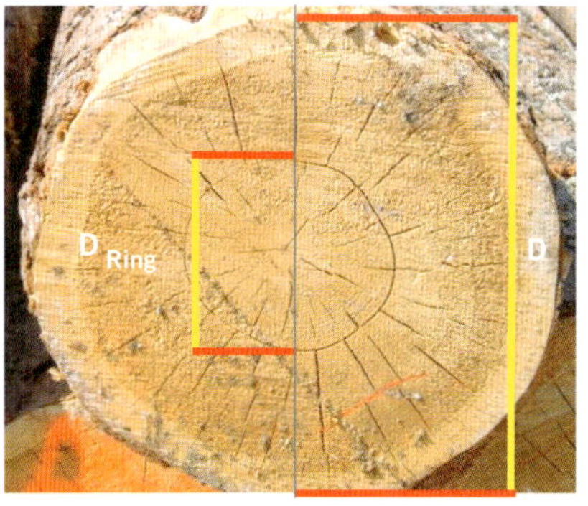

Ringschäle

Weitere Holzmerkmale:

Verfärbungen, Harzgallen, Risse, Insektenbefall.

Nähere Angaben zu den Merkmalen sowie Bestimmungen über das zulässige Ausmaß derselben befinden sich in der Broschüre „Holz richtig ausgeformt – hoher Erlös“.

Güteklassen

Holz wird nach seiner Verwendbarkeit in Güteklassen eingeteilt. Entscheidend für die Zuordnung sind der Durchmesser sowie Anzahl und Ausmaß der Holzmerkmale.

Abkürzungen (nach ÖHU):

F	Furnierholz
S	Schälholz
A	Wertholz
B	mittlere bis überdurchschnittliche Qualität
C	mittlere bis unterdurchschnittliche Qualität
Cx	mindere Qualität (örtlich auch C-Plus, C-Kreuz oder CY genannt)
BR, BB, Y:	Braunbloch nagelfeste Braun- oder Weißfäule, die max. 75 % der Sichtfläche aufweist

Güteklasse A: Wertholz, überdurchschnittliche/ausgezeichnete Qualität, meist astfreie Erdstammstücke.

Güteklasse B: Rundholz mittlerer bis überdurchschnittlicher Qualität ohne Anspruch auf mängelfreies Holz.

Güteklasse C: Rundholz mittlerer bis überdurchschnittlicher Qualität. Gütemerkmale, welche die natürlichen Eigenschaften des Holzes nicht beeinträchtigen, sind zulässig.

Güteklasse Cx: Rundholz minderer Qualität, das noch für den Sägeeinschnitt geeignet ist und Merkmale aufweist, die in der Güteklasse C nicht zulässig sind.

Braunbloche: Stämme, bei denen die Beschaffenheit der Manteloberfläche mindestens der Güteklasse B entspricht, die jedoch nagelfeste Braun- oder Weißfäule aufweisen (Hartbräune).

Sortimente

Unter Sortiment versteht man die Zusammenfassung von Holzstücken, die bezüglich Länge, Durchmesser und zum Teil auch nach Qualität und Verwendung ähnliche Merkmale aufweisen. Diese Vereinheitlichung erleichtert den Handel mit Holz wesentlich.

Sortimente Nadelholz

	Sortiment	Länge (in m)	Durchmesser (in cm)		Qualität	Anmerkung
			Zopf	Mitte		
SÄGERUNDHOLZ	Wertholz in 0,5-m-Stufen	von 4 aufwärts	ab 30	–	A	Ausnahmen: nach Vereinbarung
	Bloch	4 und 5	–	ab 20	B, C, Cx	3 m und andere Längen nach Vereinbarung
	Braunbloch	4 und 5	–	ab 20	wie B	nagelfeste Weiß- oder Braunfäule erlaubt
	Doppelbloch	6–10	ab 17	–	–	Zwischenlängen nach Vereinbarung
	Langholz	über 10	ab 14	–	–	
	Schwachbloch	4 und 5	12 Zopf bis 19 Mitte		B, C, Cx	3 m und andere Längen nach Vereinbarung

Sortimente – Laubholz (am Beispiel der Rotbuche)

Sortiment	Qualität	Länge (m)	Durchmesser (cm)		Anmerkung
			Zopf	Mitte	
Furnierholz	F	ab 2; 10 % ab 1,8	–	ab 40	Laubholz sollte erst nach genauer Absprache mit dem Käufer ausgeformt werden
Schälholz	S	ab 2; 10 % ab 1,8	–	ab 30	
	A	ab 3, 10 % ab 2,5	–	ab 30	
Sägerundholz	B	ab 3; 20 % ab 2	–	ab 25	
	C, Cx	ab 2		nach Vereinbarung	
Schwellenrundholz	für Gleise für Weichen	2,6 oder 5,2 nach Bestellung	ab 31 ab 33		wird aus Eiche, Lärche und Kiefer erzeugt

Die teils deutlich abweichenden Bestimmungen für andere Holzarten findet man in den ÖHU!

Industrieholz

Handelsübliche Abkürzungen: **I** Industrierundholz; **IF** Faserholz; **IS** Schleifholz;
12 Sekundaholz; **ID** Dünnholz

Schleifholz	Faserholz	Sekundaholz
Gesund, sorten- und artenrein Nur Fichte und Tanne	Gesund, auch andere Baumarten Nach Holzarten sortiert bereitstellen	Verschiedene Baumarten
Ungespalten	Auch gespalten	Rotstreif und Rotfäule, wenn faserfest (nagelfest), zugelassen
Frisch: mindestens 480 kg/RMM 760 kg/FMO	Auch trocken	Praktisch ohne Weichfäule, **sonst wie Faserholz**
	Verblauung zugelassen	**Dünnholz:**
Volle Meterlängen Kurz: 1,2 m lang: 3, 4, 5, (6) m	Auch fallende Längen 1–6 m	Zopfdurchmesser: in Rinde 4 bis 7 cm bei Nadelholz 4 bis 9 cm bei Laubholz
Mindestzopf: 8 cm in Rinde	Mindestzopf: Nadelholz: 8 cm in Rinde Laubholz: 10 cm in Rinde	**sonst wie Faserholz** Übernahme nach Vereinbarung

Weitere Sortimente: Maste, Starkmaste, Waldstangen, Schwellen, Brennholz …

Praktische Ratschläge zur Holzausformung

Obwohl man häufig durch den Käuferwunsch nach bestimmten Längen und Sortimenten in der Ausformung gebunden ist, sollten trotzdem die folgenden Ausformungsregeln eingehalten werden!

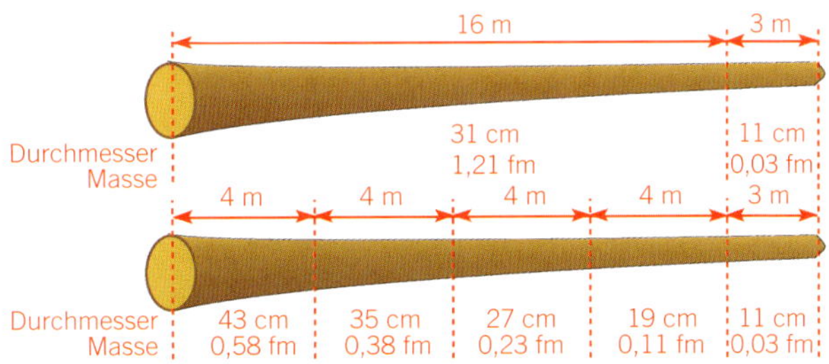

Abholzige Stämme sollen zu Blochen ausgeformt werden!

Abbildung: Messergebnis bei:

Blochausformung: 1,33 fm

Langholz: 1,24 fm

Vollholzige Stämme sollen lang ausgeformt werden!

Vorteile: höherer Preis, höheres Messergebnis
weniger Arbeit (Trennschnitte, Rückung)
weniger C-Qualität

Abnehmer von Langholz: Zimmereibetriebe (Konstruktionsholz)
Sägewerke mit einer Ausformungsanlage: Ausformung erfolgt im Werk!

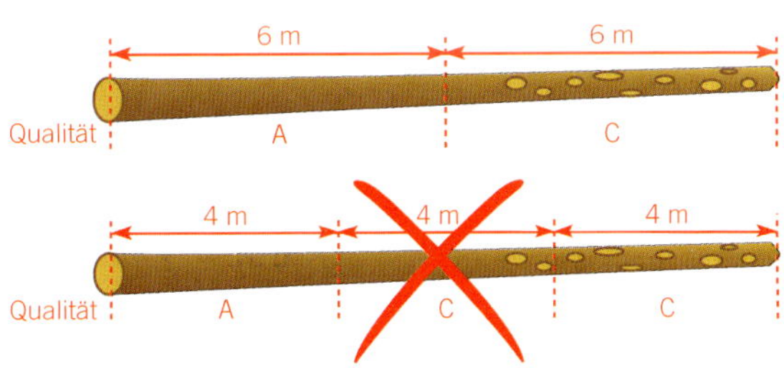

Abschnitte mit möglichst gleichmäßiger Qualität ausformen!

Abbildung: Die Ausformung soll zugunsten der wertvolleren Sortimente erfolgen!

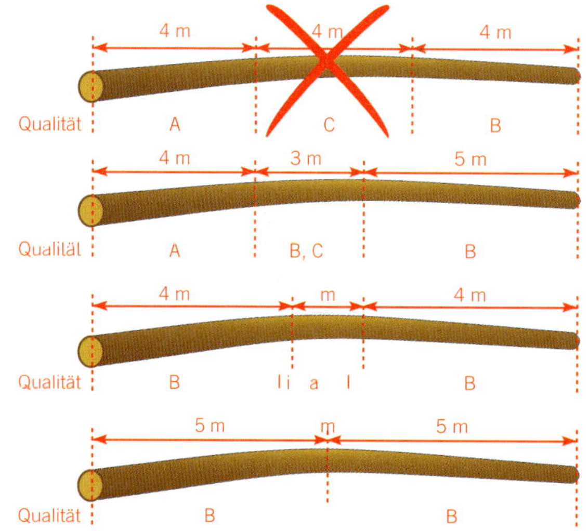

Auch krumme Stämme sollen gerade Bloche liefern!

Abbildung: Ist die Krümmung des Stückes zu stark, kann es auch als Schleifholz (Fichte/Tanne) oder als Faserholz (alle anderen Baumarten) eingestuft werden.

Das Stück mit der Krümmung sollte möglichst kurz ausgeformt werden!

Bei zu starker Krümmung: das Stück mit der stärksten Krümmung herausschneiden!

Bei geringer Krümmung den Trennschnitt an der Stelle mit der stärksten Krümmung setzen!

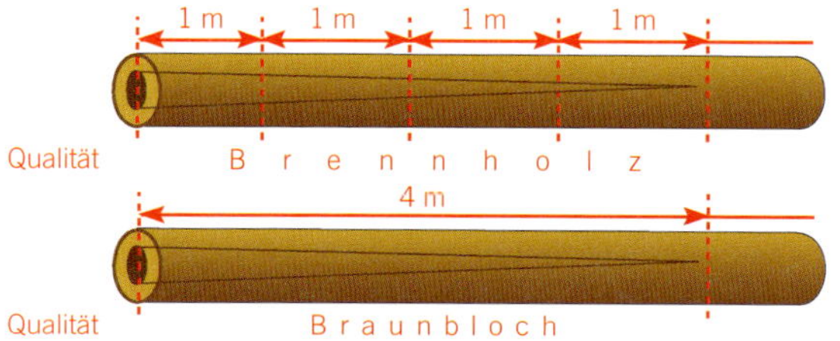

Auch rotfaules, nagelfestes Holz liefert Sägerundholz!

Verwendung: Paletten, Kisten, verlorene Schalungen

Wichtig: Zeigt sich auf einem Bloch auch nur eine kleine braune Stelle, kann es als Braunbloch eingestuft werden.

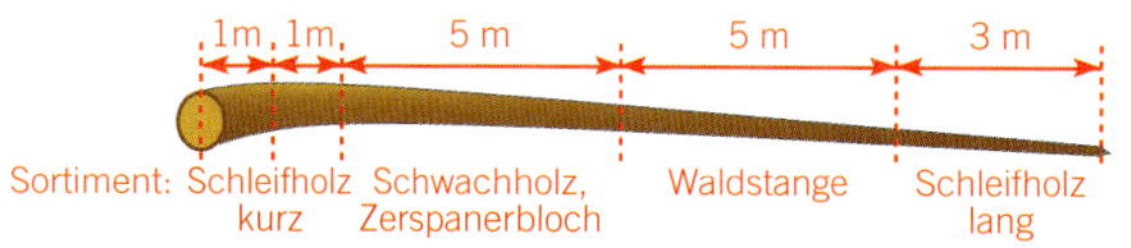

Aus Durchforstungsholz Spezialsortimente ausformen!

Abbildung: Beispiel für die Ausformung eines am Stammfuß leicht gekrümmten Stammes. Wenn möglich: Langschleifholz erzeugen!

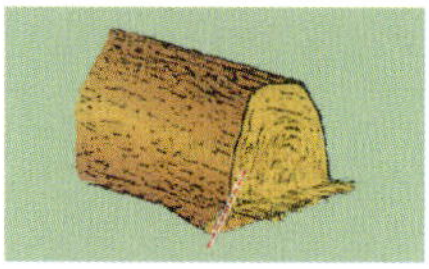

Waldbart entfernen!

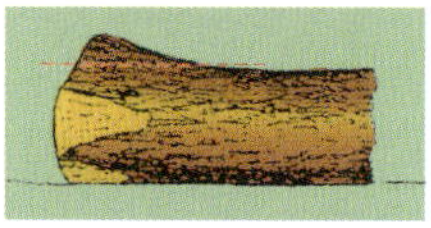

Wurzelanläufe beischneiden!

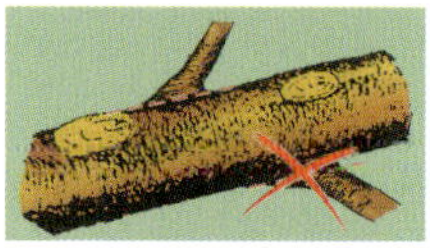

Äste holzgleich und nicht rindengleich abschneiden!

Allgemeine Bestimmungen für Laubholz

Sämtliche Laubhölzer, die als Nutzholz Verwendung finden (Ausnahme: Faser- und Plattenholz, Brennholz), müssen außerhalb der Saftzeit geschlägert werden. Ihre Bereitstellung zur Übergabe hat bis zum 31. März zu erfolgen. Laubholz für den Sägeverschnitt wird in Längen von 10 zu 10 Zentimeter steigend vermessen. Ausnahme: Rotbuche der Güteklassen B, C und Cx; Vermessung in Halbmeterschritten. Weist ein Stück in seiner ganzen Länge auf der einen Seite einen Qualitätsunterschied gegenüber der anderen Seite von mindestens einer Güteklasse auf, ist eine Durchschnittsklassifizierung (A/B, A/C, B/C) in beiderseitigem Einvernehmen üblich.

Die Ansprüche, die von den Verarbeitern an die einzelnen Laubholzarten gestellt werden, sind sehr vielfältig und verschieden. In den „Österreichischen Holzhandelsusancen" werden daher die Güteklassen für jede einzelne Laubholzart gesondert beschrieben.

Aufgaben:

- Was bedeuten die Kurzbezeichnungen FMO, FOO, RMM?
- Wie lautet die Formel für die Berechnung der Holzmasse?
- Errechnen Sie danach das Volumen folgender Rundholzstücke:

Länge in m	Durchmesser in cm	Masse in fm
5	25	
5,2	27	
4	32	

- Nennen Sie die wichtigsten Regeln für die Ermittlung des Blochdurchmessers!
- Nennen Sie die wichtigsten Regeln für die Längenmessung!
- Welche Möglichkeiten bestehen, damit die Masse einer bestimmten Holzmenge ermittelt werden kann?
- Zu welcher Stärkeklasse gehören die Bloche mit den folgenden Mittendurchmessern (MDM) ohne Rinde?

MDM	Stärkeklasse	MDM	Stärkeklasse
54		33	
12		29	
25		18	

- Welche sind die bedeutendsten Holzfehler?
- Nennen Sie die Güteklassen des Sägerundholzes!
- Was ist ein Bloch?
- Unterscheiden Sie Schleifholz und Faserholz!
- Zählen Sie die wichtigsten Ausformungsregeln auf!

Holzverkauf – Marketing

Geschick beim Verkauf des erzeugten Holzes entscheidet wesentlich über die Höhe der Einnahmen.

Holzpreis

Vorsicht bei Preisvergleichen!

Mögliche Preisangaben:

A/B/C-Preis: Mischpreis für diese Qualitäten.

A/B-Preis: gemeinsamer Preis für die Qualitäten A und B; C-Abschlag.

B-Preis: Preis für B-Qualität; Abschlag für C-Qualität, A-Qualität wird extra bezahlt.

Zahlungsziel (Frist, an deren Ende das Holz bezahlt sein muss) bei Vergleichen berücksichtigen!

Beispiel für eine Preisangabe:

Fi/Ta A/B 2a + 85 € FMO Fichten/Tannen Sägerundholz der Güteklassen A und B kostet ab 20 cm Mittendurchmesser 85 € je Festmeter (mit Rinde, ohne Rinde gemessen) ohne Mehrwertsteuer.

Mehrwertsteuer bei Holzverkäufen

Betriebe mit Regelbesteuerung

Sie benötigen eine Umsatzsteueridentifikationsnummer (UID-Nummer), sind vorsteuerabzugsberechtigt, müssen aber die eingenommene Mehrwertsteuer an das Finanzamt abführen.

In Anpassung an die EU-Mehrwertsteuer-Richtlinie entfällt seit 1.1.2013 der ermäßigte Steuersatz von 10 Prozent für Rohholz. Für Sägerundholz und Industrieholz sind somit 20 % Mehrwertsteuer zu verrechnen.

Der ermäßigte Satz von 10 % gilt weiterhin für Brennholz, Hackgut und Sägespäne.

Umsatzsteuerpauschalierte Betriebe

Es sind generell 12 % Mehrwertsteuer zu verrechnen. Sie verbleibt dem Holzverkäufer.

10 Tipps für einen HÖHEREN HOLZERLÖS

1. Mehrere Angebote einholen (Marktbeobachtung); auf die Zahlungsfähigkeit der Käufer achten!
2. Vor Beginn der Schlägerung: gesuchte Sortimente (Preis, Qualität, Übermaß) erfragen und schriftlichen Kaufvertrag (Schlussbrief) abschließen.
3. Marktkonformes Verhalten: Steigerung oder Drosselung des Holzeinschlags oder Verlagerung auf Starkholz oder Durchforstungsholz als Reaktion auf den Holzpreis.
4. Grundsätze der Holzausformung beachten.
5. Direktverkauf an den Endverbraucher (Bauholz, Tischlerware, Brennholz etc.).
6. Marktnischen ausnützen: Vereinzelt werden in den Holzhandelsusancen nicht festgelegte Sortimente für spezielle Zwecke gesucht und gut bezahlt.
   Beispiele: Schneestangen, Weingartenpfähle, Holz für Krainerwände, Waggonböden, wintergeschlägertes und/oder nach Mondphasen geschlägertes Holz.
7. Gemeinschaftlicher Holzverkauf ist eine günstige Möglichkeit, um den Nachteil des geringeren Holzpreises für Kleinmengen auszugleichen.
8. Schlägerung größerer Mengen bzw. Durchforstung größerer Flächen; zumindest eine Lkw-Fuhre (ab 10 Festmeter) sollte anfallen.
9. Auf Käuferwünsche eingehen und sich die Mehrarbeit bzw. das Entgegenkommen bezahlen lassen.
10. Das Holz möglichst vorteilhaft anbieten:
    Der Käufer kauft auch mit dem Auge:
    - richtig gelagert
    - sortiert
    - sauber (Schmutz, Waldbart, Wurzelanläufe)
    - glatt entastet (die Äste holzgleich und nicht rindengleich abschneiden)

Ökologische Vorteile von Holz:

- Holz kann ohne Probleme entsorgt oder wiederverwertet werden.
- Je mehr Holzprodukte wir verwenden, desto mehr CO_2 wird darin gebunden.

- Je mehr CO_2 in Holzprodukten gebunden wird, desto mehr CO_2 kann der Wald der Atmosphäre entziehen.
- Durch die konsequente Nutzung und Erhaltung unserer Wälder leisten wir einen Beitrag zur Reduktion des Treibhauseffekts.

Holz ist genial.

Hier einige Beispiele dafür, wie viel CO_2 im Holz gespeichert werden kann:

- Ein Kubikmeter verbrauchtes Fichtenholz speichert ca. 0,69 Tonnen CO_2 und vermeidet durch die Einsparung von anderen Materialien (Ziegel, Beton) ca. 1,02 Tonnen CO_2.
- Das heißt, dass jeder verbrauchte Kubikmeter Fichtenholz unserer Umwelt eine Entlastung von 1,71 Tonnen CO_2 bringt (Brandl 1996).
- Nach neuesten Forschungen zieht jede Tonne frei gewordenes CO^2 Schäden in der Höhe von ca. € 346,– nach sich (Kürsten 1995).
- Ein Kubikmeter verbautes Fichtenholz hilft damit, Umweltschäden in der Höhe von € 592,– zu vermeiden.

Schlussbrief

Darunter versteht man einen schriftlichen **Holzkauf- bzw. -verkaufsvertrag**. Holzverkäufe sind an keine bestimmte Form gebunden. Jeder Vertragspartner hat – innerhalb von 8 Tagen ab Vertragsabschluss – das Recht, zu verlangen, dass der Vertrag schriftlich festgelegt wird.

Um im Streitfall sein Recht zu erlangen, ist das schriftliche Festhalten der ausgehandelten Vertragsbedingungen dringend anzuraten!

Lieferschein

Der Lieferschein, auch Warenbegleitschein genannt, ist ein wichtiges Dokument. Er beweist, wann von wem welches Holz (Sortiment, Baumart, geschätzte Menge) mit welchem Transportmittel zu welchem Ziel oder Käufer transportiert wurde. Er zeigt, von welchem Ort das Holz abgefrachtet wurde und zu welchem Schlussbrief die Fuhre gehört. Der Lieferschein ist dem Verkäufer umgehend zu übergeben oder an einem vereinbarten Ort zu hinterlegen. Die Lieferschein-Nummer ist eine fortlaufende Nummer und findet sich auf den Abmaßlisten wieder. So kann der Holzverkäufer kontrollieren, ob alle Fuhren abgerechnet wurden und ob die Messergebnisse mit den Lieferscheindaten übereinstimmen.

WICHTIG: Keine Fuhre Holz (einschließlich Energieholz) sollte den Wald ohne Lieferschein verlassen! Weiters sollte man auf jeden Fall verlangen, dass der Transporteur dem Waldbesitzer vor der Beladung des Fahrzeuges per Telefon, SMS, Mail usw. mitteilt, welches Holz er gerade abholen will!

Lieferschein und Schlussbrief kann man von der Homepage der Kooperationsplattform Forst Holz Papier (FHP) unter Publikationen/Holzübernahme als pdf-Datei herunterladen (www.forstholzpapier.at).

Muster-Schlussbrief für Sägerundholz

FHP FORST HOLZ PAPIER

Nr. ....

Der/die VERKÄUFER od. sein/ihr Beauftragter: Name und Anschrift (mit Tel/Fax)				**KÄUFER oder sein Beauftragter: Name und Anschrift (mit Tel/Fax)**		
Menge	**Holzart**	**Sortiment / Güteklasse**	**Stärke-klasse**	**Länge (m)**	**Übermaß (cm)**	Preis in **EUR** je ❒**FMO** ❒.........
Vereinbarte Rückstufungs-/Verschnittlängen						

Die Preise verstehen sich **ohne Umsatzsteuer** und frei Erfüllungsort. Die Vertragsparteien kommen überein, den FHP-Kooperationsbeitrag einzubehalten und abzuführen.

Umsatzsteuer	❒ 12 % (pauschalierter LW+FW) ❒ 10 % (regelbesteuerter LW+FW/Handel) ❒ 0 % (kein LW+FW)
Erfüllungsort	❒ am Stock ❒ frei Schlagort ❒ frei Waldstraße ❒ frei Lagerplatz ❒ frei Bahnablage ❒ waggonverladen ❒ frei Werk Nähere Bezeichnung:
Bereitstellung / Lieferzeit	von (Tag / Monat / Jahr) bis (Tag / Monat / Jahr)
Abtransport / Übergabe	Der Käufer verpflichtet sich, das bereitgestellte Holz nach Bereitstellungsmeldung abzutransportieren. innerhalb von Werktagen längstens bis zum Straßenbenützungsgebühren sind zu tragen durch den ❒ Käufer ❒ Verkäufer
Vermessung / Übernahme	❒ im Werk mit geeichter elektronischer Anlage. ❒ elektronisches FHP-Protokoll wird übermittelt ❒ elektronische FHP-Rechnungsinformation wird übermittelt ❒ Handabmaß durch (Name) spätestens Werktage nach formloser Meldung der Holzbereitstellung durch den/die Verkäufer.
Besondere Bedingungen bei **Holz mit Rinde**	❒ vereinbarter Maßabzug (in cm oder %): ❒ zu verwendende Rindenabzugstabelle:
Zertifizierung	Holz stammt aus ❒ PEFC-zertifiziertem ❒ anders zertifiziertem: ❒ nicht zertifiziertem Wald.
Zahlung	❒ prompt ❒ innerhalb Tagen nach Lieferung ❒ nach Rechnungslegung ❒ am Ende des Liefermonats Skonto % ❒ Vorauszahlung in der Höhe von EURO bis spätestens Bei Zahlungsverzug werden Verzugszinsen in Höhe von % verrechnet. ❒ unwiderruflich, abstrakte Bankgarantie in Höhe von EURO mit einer Laufzeit bis
Bank	BLZ: Konto Nr.: lautend auf:
Sonstige Bedingungen	

Die auf der Rückseite dieses Formulars festgehaltenen „Allgemeinen Vereinbarungen" sind Bestandteil dieses Vertrags. Weiters gelten die Österreichischen Holzhandelsusancen in der aktuellen Fassung und das österreichische Recht. In sämtlichen Streitigkeiten, die aus diesem Vertrag oder aus den in Hinkunft zwischen den Parteien geschlossenen Geschäften entstehen, unterwerfen sich beide Vertragsteile unter Ausschluss des ordentlichen Rechtswegs der Schiedsgerichtsordnung und dem Schiedsgericht der Wiener Warenbörse.

Ort / Datum: ...., am ....

.... Unterschrift des Verkäufers oder seines Beauftragten

.... Unterschrift des Käufers firmenmäßige Fertigung

Musterschlussbrief für Rohholz vom 22. 01. 2007, vereinbart zwischen den Partnerorganisationen der Kooperationsplattform Forst Holz Papier (FHP). 1 Original, 2 Durchschläge

Allgemeine Vereinbarungen

zum umseitig vereinbarten Musterschlussbrief für Rohholz

Mengenbezeichnung

cirka Abweichungen von +/-10 % sind zulässig.	von ... bis ... Der/die Verkäufer ist/sind jedenfalls verpflichtet, die Mindestmenge zu liefern. Der Käufer ist verpflichtet, bis zur Höchstmenge zum Kaufpreis zu übernehmen.

FMO Festmeter, mit Rinde geliefert, ohne Rinde gemessen und verrechnet	FMM Festmeter, mit Rinde geliefert, mit Rinde gemessen und verrechnet	FOO Festmeter, ohne Rinde geliefert, ohne Rinde gemessen und verrechnet	RMM Raummeter, mit Rinde geliefert, mit Rinde gemessen und verrechnet

Stärkeklassen nach dem Mittendurchmesser

Stärkeklasse	D 0	D 1 a	D 1 b	D 2 a	D 2 b	D 3 a	D 3 b	D 4	D 5	D 6
MD ohne Rinde (cm)	< 10	von 10 bis 14	von 15 bis 19	von 20 bis 24	von 25 bis 29	von 30 bis 34	von 35 bis 39	von 40 bis 49	von 50 bis 59	von 60 aufwärts

Längenübermaß für Sägerundholz

Nadelholz: Der Stammlänge ist ein Längenübermaß bei Blochen und Doppelblochen von 1 % der Nennlänge - mindestens 6 cm höchstens 20 cm, bei Langholz mindestens 2 % der Nennlänge - zu zugeben.
Laubholz: Das Längenübermaß muss bei der Ausformung mindestens 1,5 % der Nennlänge betragen, mindestens jedoch 6 cm. Bei Sicherung durch Stahlklammern muss pro Stirnfläche das Längenübermaß um 10 cm erhöht werden.
Allgemein: Wenn zu erwarten ist, dass bei der Bringung Fremdkörper an den Stirnflächen eindringen, ist ein größeres Übermaß zu geben.

Holzzustand

Sägerundholz muss frei von Zwiesel und Fremdkörpern, ordentlich entastet und ausgeformt sein; gebrochenes und/oder gespaltenes Holz ist ausgeschlossen. Eine allfällige Behandlung des Rundholzes mit in Österreich zugelassenen Stammschutzmitteln ist mit dem Käufer im Vorhinein zu vereinbaren.

Zertifizierung

Der/die Verkäufer erklär(t)/-en, an dem von ihm/ihnen umseitig bezeichneten Zertifizierungssystem teilzunehmen, das entsprechende Merkblatt erhalten zu haben, die einschlägigen Vorgaben zu akzeptieren und diese nach Maßgabe der betrieblichen Möglichkeiten umzusetzen.

Holzabfuhr

Die Rundholzabfuhr erfolgt zu umseitig vereinbarten Terminen, spätestens jedoch innerhalb von sieben Werktagen nach der rechtzeitig angekündigten, den üblichen Grundsätzen der Holzbranche entsprechenden Aufforderung zur Abnahme (Bereitstellungsmeldung). Ist diese durch höhere Gewalt nicht möglich, verlängert sich die Frist um die Dauer des durch die höhere Gewalt eingetretenen Hindernisses. Qualitätsverschlechterungen und eventuell notwendige phytosanitäre Maßnahmen durch nicht erfolgte Abfuhr bzw. Übernahme (z.B. Bläue, Käferbefall, Rotstreif) aus Verschulden des Käufers gehen zu dessen Lasten.
Die in diesem Vertrag festgelegten Sortimente sind von anders disponierter Ware getrennt in Kranreichweite verladebereit gesammelt zu lagern, sodass eine problemlose Abfuhr bei möglichst kurzen Ladezeiten mit einem LKW-Motorwagen möglich ist.
Für jede Lieferung ist ein Lieferschein bzw. Frachtbrief vollständig auszufüllen. Der Lieferschein ist bei Anlieferung vom Käufer gegenzuzeichnen. Bei offensichtlicher Falschlieferung muss der Käufer den Verkäufer sofort bei Anlieferung –vor der Übernahme- informieren.

Wegebenützung, Lagerplatz

Die Schlägerung, Bringung und Holzabfuhr muss fachlich richtig unter möglichster Schonung von Waldboden und Bestand, der Wege, Zäune und des Lagerplatzes erfolgen. Der/die Verkäufer hat/haben den Käufer über etwaige Verkehrsbeschränkungen bzw. für die Holzabfuhr bedeutsame Bedingungen schriftlich zu informieren. Vermeidbare Schäden sind durch den Käufer abzugelten.

Rohholzübernahme im Werk - Vermessung und Klassifizierung

Die Vermessung im Werk mit geeichter elektronischer Anlage erfolgt möglichst sofort, jedenfalls innerhalb von 3 Werktagen nach Anlieferung. Abweichungen davon sind nur mit vorheriger Verständigung des/der Lieferanten zulässig. Bis zur elektronischen Werksvermessung hat eine getrennte, verwechslungsfreie Zwischenlagerung und Kennzeichnung des Holzes auf Kosten des Käufers zu erfolgen. Dem Verkäufer oder seinem befugten Vertreter ist auf rechtzeitiges Verlangen die Teilnahme an der Übernahme zu ermöglichen. Verzögerungen der Übernahme von mehr als 14 Tagen erfordern das Einverständnis des Verkäufers.
Innerhalb von 14 Tagen nach Übernahme müssen dem Verkäufer die Abmaßliste, Einzel- und Summenprotokoll zugehen. Ist eine Fakturierung/Gutschrift seitens des Verkäufers innerhalb von 6 Wochen nach Anlieferung nicht möglich, so kann der Verkäufer auf Basis des zugehörigen Lieferscheins eine vorläufige Rechnung über den geschätzten Wert der Ware legen.

Datenschutzerklärung gemäß DSG 2000

Die Vertragspartner verpflichten sich, alle im Zusammenhang mit diesem Rechtsgeschäft generierten Daten im Rahmen des DSG 2000 i.d.g.F., streng vertraulich zu behandeln und ausschließlich für zulässige Zwecke zu verwenden. Dies bedeutet, dass die Vertragspartner die betreffenden Daten nur für Zwecke ihrer eigenen Kunden-, Lieferanten-, Finanz- und Materialbuchhaltung und Kostenrechnung verwenden dürfen.

Eigentumsvorbehalt

Im Ausmaß der offenen bzw. unbesicherten Forderungen bleibt das Holz in gleicher Höhe Eigentum des/der Verkäufer/-s, gleichgültig wo es sich befindet.

Verfügungsberechtigung

Der/die Verkäufer erklärt/-en, forstrechtlich zu dieser Schlägerung und zivilrechtlich zu diesem Verkauf berechtigt zu sein.

Umsatzsteuerliche Behandlung

Der/die Verkäufer oder dessen/deren Beauftragter erklärt/-en mit der Unterschrift zum Steuerausweis in vorher angeführter Höhe berechtigt bzw. mit der Abrechnung des Käufers (Gutschrift) im Sinne des USt.-Gesetzes 1994 einverstanden zu sein.

Musterschlussbrief für Rohholz vom 22. 01. 2007, vereinbart zwischen den Partnerorganisationen der Kooperationsplattform Forst Holz Papier (FHP). 1 Original, 2 Durchschläge

Lieferschein

FHP FORST HOLZ PAPIER

Nr.: ____________________ Datum: ____________________

VERKÄUFER:
(Name)

Schlussbrief-Nr: ____________________

Abfuhrort: ____________________

❒ 20% USt.
❒ 10% USt.
❒ 12% USt.
❒ 0% USt.

Partiennummer: ____________________ Gedingenummer: ____________________ UID-Nr: ____________________

Geschätzte Menge:

________________ m^3(FMO/RMM/Srm)

________________ t (Lutro)/Stück

Längen: von ________ m bis ________ m

Lieferzustand:

❒ mit Rinde

❒ Teilentrindung ________ %

❒ ohne Rinde

Holzart:

❒ FI ❒ TA ❒ KI

❒ LA ❒ BU ❒ EI

❒ ____ ❒ ____ ❒ ____

Holz stammt aus

❒ eigenem Betrieb
❒ Zukauf/Handelsware
❒ gemeinschaftlicher Vermarktung

❒ Eigenschlägerung
❒ Fremdschlägerung

❒ PEFC zertifiziertem Wald
❒ anders zertifiziertem Wald
❒ nicht zertifiziertem Wald

❒ am Stock
❒ frei Waldstraße
❒ frei Werk
❒ ____________

Legalität und Verfügungsberechtigung
Der/die Verkäufer bestätigt/-en entsprechend der VO (EU) 995/2010 das Holz unter Einhaltung der geltenden Rechtsvorschriften den Holzeinschlag betreffend geerntet zu haben und auch zivilrechtlich zu diesem Verkauf berechtigt zu sein.

Bemerkungen:

Datum und Unterschrift:

FRÄCHTER:
(Name/Tel.-Nr.)
UID-Nr.

Abfuhrzeit und -datum: ____________________

Frachtmittel:

❒ LKW pol. KZ: ____________________

Hänger pol. KZ: ____________________

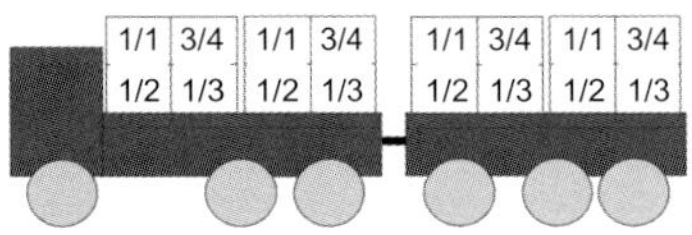

(Stöße ankreuzen)

❒ Waggon Nr: ____________________ Verladebahnhof: ____________________

Bemerkungen:

Name (Fahrer) in Blockschrift:

Unterschrift:

KÄUFER:
(Name)
UID-Nr.

Werk: ____________

Holz wurde
❒ sofort gemessen
❒ sofort gewogen
❒ zwischengelagert
❒ nicht angenommen

Werkseingang/Anlieferungszeit und -datum:
____
____
____

Bemerkungen:

Unterschrift:

Vereinbart am 21.12.2012 zwischen den Partnerorganisationen der Kooperationsplattform Forst Holz Papier (FHP). 1 Original, je nach Bedarf 2 oder 3 Durchschläge.

Aufzeichnungspflicht bei Holzverkäufen

Seit 3. März 2013 sind alle Waldbesitzer verpflichtet, sämtliche Holzverkäufe aufzuzeichnen!

Grundlage dafür ist eine Verordnung des europäischen Parlaments und des Rates mit der Nummer Vo (Eu) 995/2010 „über die Verpflichtung von Marktteilnehmern, die Holz und Holzerzeugnisse in Verkehr bringen", wie sie im vollen Wortlaut heißt.

Ziele der Verordnung

Mit dieser neuen Regelung sollen die Holzflüsse nachvollziehbar gemacht und dadurch der Handel und die Weiterverarbeitung von illegal geschlagenem Holz sowie die Abholzung bzw. Ausbeutung von geschützten Wäldern verhindert werden. Österreich gehört zwar nicht zu den Ländern, in denen ein nennenswertes Risiko bezüglich dieser Praktiken besteht, eine Ausnahmegenehmigung ist aber aus Gründen der Wettbewerbsgleichheit und Konformität mit den WTO-Bestimmungen nicht möglich. Für alle Produzenten und Händler, die Holz und Holzerzeugnisse erstmals auf dem europäischen Markt in Verkehr bringen besteht eine sogenannte „Sorgfaltspflicht". Diese erfordert die Dokumentation über Art, Herkunft und Legalität der Lieferung sowie eine Abschätzung des Risikos, ob die Lieferung aus illegalem Einschlag stammt.

Was ist aufzuzeichnen?

- Name und Anschrift des Käufers
- Baumart
- Sortiment: Sägerundholz, Industrieholz, Hackgut usw.
- Menge: Festmeter, Schüttraummeter, atro-Tonne usw.
- Sonstige Unterlagen: z. B. Fällungsbewilligung

Diese Informationen findet man im Schlussbrief und den Abmaßlisten bzw. den Verkaufsrechnungen.

Die Aufzeichnungen und die dazugehörigen Unterlagen und Dokumente sind fünf Jahre lang aufzubewahren. Die Kontrollen werden voraussichtlich von der Bezirksverwaltungsbehörde durchgeführt.

Aufzeichnungsformulare und weitere Informationen findet man auf der Homepage des Österreichischen Waldverbandes (www.waldverband.at).

Informationsbereitstellung durch Waldbesitzer

gemäß Verordnung (EU) Nr. 995/2010 über die Verpflichtungen von Marktteilnehmern, die Holz und Holzerzeugnisse in Verkehr bringen

Genannte Verordnung verpflichtet auch alle Waldbesitzer, die Holz und Holzerzeugnisse in Verkehr bringen zur Information über jede von ihm getätigte Lieferung. Dabei ist unerheblich, ob es sich um einen Verkauf, eine unentgeltliche Weitergabe oder das Überlassen von Rechten (z.B. Deputatholz) handelt. Ausgenommen von der Dokumentationspflicht ist nur der private Eigenverbrauch. Durch die vollständige Dokumentation aller Holzlieferungen wird der Bereitstellung von Informationen im Zuge allfälliger Kontrollen durch die Behörde genüge getan. **Dokumente und Aufzeichnungen sind 5 Jahre aufzubewahren.**

Der/die Waldeigentümer bestätigt/-en zudem, das Holz unter Einhaltung der geltenden Rechtsvorschriften den Holzeinschlag betreffend, geerntet zu haben und auch zivilrechtlich zum/r Verkauf/Weitergabe berechtigt zu sein.

Name: ______________________________

Anschrift: ______________________________ ______________________________Unterschrift

Dokumentation der Lieferung/en (Land des Holzeinschlages: Österreich)					Jahr 20_ _
Lfd. Nr.	Name und Anschrift des Abnehmers/Käufers	Baumart/en (z.B. Fi, Ta, Ki, La, Bu, Ei, Ah)	Sortiment/e (z.B., SRH, IRH, Hackgut, Schneestangen)	Menge (z.B., FMO, AMM, RMM, SRM)	Sonstige Unterlagen (z.B. Fällungsbewilligung)
1.					
2.					
3.					
4.					

Verwendete Abkürzungen:
SRH: Sägerundholz; IRH: Industrierundholz
FMO: Festmeter, mit Rinde geliefert, Volumen ohne Rinde; AMM: Atro-Tonne, mit Rinde geliefert, Volumen inkl. Rinde; RMM: Raummeter, mit Rinde geliefert, Volumen inkl. Rinde; SRM: Schüttraummeter

Österreichische Holzhandelsusancen (ÖHU)

Darunter versteht man die Zusammenfassung der üblichen heimischen Holzhandelsbräuche. Laut Handelsgesetzbuch und einer Erkenntnis des Obersten Gerichtshofs kommt ihnen dieselbe Bedeutung wie Gesetzen zu.

Sollen bei einem Geschäft einzelne Passagen der ÖHU nicht oder abgeändert gelten (z. B. mehr Übermaß), muss dies extra festgelegt werden!

Mengen: Bei Mengenbezeichnungen mit Worten wie *„circa"*, *„rund"*, *„ungefähr"* ist eine Abweichung von 10 % nach unten oder oben möglich.

Mengenbezeichnungen mit *„von ... bis"*: Verkäufer sind verpflichtet, die Mindestmenge zu liefern, Käufer müssen die Höchstmenge zum vereinbarten Kaufpreis übernehmen.

„mitgehend": bis 10 % der Menge.

„vorkommend": Fehler ist auf 10 bis 15 % der Stückzahl beschränkt und darf dort nur vereinzelt auftreten.

Angebot: ist 10 Tage gültig; Frist verkürzt sich auf 6 Tage bei Anbotlegung per Telefax oder elektronische Datenübermittlung.

Liefertermin: Zeitpunkt, bis zu dem die Ware zur Übergabe/Übernahme bereitzustellen ist. Verfügungsmacht und Gefahr (z. B. Haftung bei Käferbefall) gehen vom Verkäufer auf den Käufer über.

Abfuhrtermin: Zeitpunkt, bis zu dem das Holz aus dem Wald abzutransportieren ist.

Übergabe: Darunter versteht man die vertragsgemäße Lieferung des Holzes. Wenn nicht anders vereinbart, gehen damit Verfügungsmacht und Gefahr vom Verkäufer auf den Käufer über.

„frei Waldstraße": Holz ist gesammelt in Kranreichweite einer Lkw-befahrbaren Straße bereitzulegen. Die Kosten – einschließlich Verladung – trägt der Verkäufer.

„waggonverladen": Holz ist in einem Waggon verladen bereitzustellen.

„ab Stock": Der Käufer trägt alle Kosten und das Risiko, bis das Holz das Werk erreicht hat.

Übernahme: Inbesitznahme des Holzes durch Käufer; z. B.: Abtransport, Messen.

Innere Fehler: von außen nicht sichtbare Fehler, die sich bei der Bearbeitung zeigen.

Verkäufer haftet nicht!

Ausnahmen: Wenn dem Verkäufer bekannt sein musste, dass in dem Herkunftsgebiet der Ware unsichtbare Fehler (z. B. Splitter, Schneitelung) häufig vorkommen, und er den Käufer nicht darauf aufmerksam gemacht hat.

Zahlung: Möglichkeiten:
- Zahlungsfrist
- prompte Zahlung (innerhalb von drei Werktagen ab Übernahme)
- Zahlung bei Übergabe u. a.

Wurde keine Vereinbarung über den Zahlungstermin getroffen, hat die Zahlung prompt zu erfolgen!

Bestehen Zweifel über die Zahlungsmoral des Käufers, sollte eine *Bankgarantie* verlangt werden! Die Kosten hat der Käufer zu tragen.

Vertragsbruch: *Wichtige Fristen:*

innerhalb von 7 Werktagen schriftliche Anzeige mit Empfangsnachweis an den vertragsbrüchigen Partner. Bei Versäumen der Frist kommt es zu einer stillschweigenden Verlängerung der Erfüllungsfrist um vier Wochen. Wird dann nicht innerhalb von 7 Tagen reklamiert, gilt das Geschäft als einvernehmlich aufgelöst.

Rechte des vertragstreuen Teils:

- eine angemessene Nachfrist setzen (max. vier Wochen)
- sein Wahlrecht ausüben: z. B. (vereinfacht)
  - selbst vom Vertrag abgehen, als ob er nicht geschlossen wäre;
  - auf Einhaltung des Vertrags klagen;
  - sich den entstandenen Schaden abgelten lassen.

Erfüllungshindernisse: Wird die rechtzeitige Vertragserfüllung durch höhere Gewalt (z. B. Murenabgang, Einsturz einer Brücke nach Hochwasser) unmöglich, verlängert sich die Erfüllungsfrist um die Dauer des Einwirkens (maximal drei Monate).

Der Vertragspartner ist – sobald die Erfüllungshindernisse erkannt werden – sofort und nachweislich (z. B. eingeschriebener Brief) zu verständigen.

Der Vertrag erlischt sechs Monate nach der vereinbarten Lieferzeit.

Aufgaben:

- Warum ist es ratsam, einen Schlussbrief abzuschließen?
- Errechnen Sie die Abmaße folgender Holzpartie:

  Holzart......................................

  Länge .... (Angaben durch die Lehrperson)

  Durchmesser ....
  Die Durchmesserermittlung erfolgte ohne Rinde (FOO).
  Errechnen Sie den Verkaufswert der obigen Holzpartie bei
  a) Durchschnittspreisen
  b) Preisen nach Stärkeklassen
- Füllen Sie ein Schlussbriefformular (z. B. das der Präsidentenkonferenz der Landwirtschaftskammern Österreichs) mit obiger Holzpartie aus!
- Mit welchen Maßnahmen kann der Waldbesitzer auf Preisänderungen am Holzmarkt reagieren?

Jeder Waldbesitzer, der die Gültigkeit der ÖHU vereinbart, sollte zumindest die hier angeführten wichtigsten Bestimmungen kennen!

Treten bei einem Holzgeschäft rechtliche Probleme auf, sollte man sich umgehend an einen Fachmann (Berater) wenden! Fristen beachten!

Heizen mit Holz

Allgemeine Grundlagen

Zum besseren Verständnis werden die wichtigsten Begriffe und Energieeinheiten erläutert.

Energie und Wärmemenge

Die Maßeinheit für die Wärmemenge ist das Joule (J). Da die Einheit J sehr klein ist, rechnet man in der Praxis mit der Kilowattstunde (kWh). Die früher übliche Kalorie wird nur mehr über Vergleichsrechnungen herangezogen.

In jedem Brennstoff ist eine bestimmte Menge an Energie, die Rohenergie oder Primärenergie, enthalten. Nach Umwandlung, etwa durch Verbrennen des Holzes, steht Nutzenergie in Form von Raumwärme, Brauchwasserwärme, Kochwärme etc. zur Verfügung.

1 Joule (J)	= 1 Wattsekunde (Ws)	= 1/3 600 Wattstunde (Wh)
3 600 J	= 1 Wattstunde (Wh)	
3 600 kJ	= 3 600 × 10^3 J	= 10^3 Wh = 1 Kilowattstunde (kWh)

Umrechnung: Die zahlenmäßige Verbindung kann durch folgenden Umrechnungsschlüssel hergestellt werden:

1 kWh	= 860 kcal	= 3 600 kJ (3,6 MJ)
1 MJ	= 239 kcal	= 0,278 kWh
1 kcal	= 4,19 kJ	= 0,00116 kWh

Zur einfacheren Schreibweise – jeweils mit dem Multiplikationsfaktor 1000 – ergeben sich, ausgehend von den Grundeinheiten, folgende Vielfache:

Vorsilbe	Zeichen	Faktoren
Kilo	K	1 000 = 10^3
Mega	M	1 000 000 = 10^6
Giga	G	1 000 000 000 = 10^9
Tera	T	1 000 000 000 000 = 10^{12}
Peta	P	1 000 000 000 000 000 = 10^{15}
Exa	E	1 000 000 000 000 000 000 = 10^{18}

Vorratsmengen bzw. Energiegehalte werden oft in Einheiten ausgedrückt, die sich an bekannten Primärenergieträgern orientieren:

1 EE = 1 Erdöleinheit = der Energiegehalt von 1 t Öl
= 42 GJ = 11 670 kWh

1 SKE = 1 Steinkohleeinheit = der Energiegehalt von 1 t Steinkohle
= 29 GJ = 8 060 kWh

Leistungseinheiten

Die Leistung einer Holzverbrennungsanlage gibt an, wie viel nutzbare Wärme(menge) pro Zeiteinheit an das Wasser abgegeben werden kann. Sie wird in Kilowatt (kW) angegeben. Da früher Leistungsangaben von Heizkesseln in Wärmeeinheiten (WE = kcal/h) erfolgten, soll der Zusammenhang hergestellt werden:

1 kW	= 860 kcal/h	= 860 WE
1 000 WE	= 1 Mcal/h	= 1,16 kW

Wird beispielsweise ein Heizkessel mit 25 kW Heizleistung eine Stunde lang mit voller Heizlast betrieben, so gibt er eine Wärmemenge von etwa 25 kWh ab. Die Nennwärmeleistung, die am Typenschild vermerkt ist, gibt an, wie viel Wärme eine Feuerungsanlage bei Verwendung eines bestimmten Brennstoffs in einer bestimmten Zeiteinheit an den Wärmeträger abgeben kann.

Maßeinheiten für Brennholz

Übliche Maßeinheiten in der Forst- und Holzwirtschaft sind Festmeter (fm) für Rundholzsortimente und Raummeter (rm) für geschichtetes Holz bis 2 m Länge. Für kleinstückiges, lose geschüttetes Holz wie z. B. Hackgut wird der Begriff Schüttraummeter (Srm) verwendet. Diese Maßeinheiten sind der ÖNORM M 7132 entnommen.

1 Festmeter (fm) ist die Maßeinheit für 1 Kubikmeter feste Holzmasse.

1 Raummeter (rm) ist die Maßeinheit für geschichtete Holzteile, die unter Einschluss der Luftzwischenräume ein Gesamtvolumen von einem Kubikmeter füllen.

1 Schüttraummeter (Srm) ist die Maßeinheit für einen Raummeter geschütteter Holzteile (Hackgut, Sägespäne, Stückholz etc.).

1 Atro-Tonne (atro-t) ist die Maßeinheit für die Masse von einer Tonne absolut trockenem Holz.

Umrechnungszahlen gebräuchlicher Brennholzsortimente

Die in der Tabelle angeführten Umrechnungen sind Richtwerte, die je nach Schichtung, Korngröße, Verdichtung beim Transport etc. schwanken können (in Anlehnung an ÖNORM M 7132, M 7133).

Maßeinheit Sortiment	fm Rund- holz	rm Scheit- holz	rm Stückholz ge- schichtet	Srm ge- schüttet	Srm Hackgut G 30 „fein“	Srm G 50 „mittel“
1 fm Rundholz	1	1,40	1,20	2,00	2,50	3,00
1 rm Scheitholz, 1 m lang, geschichtet	0,70	1	0,80	1,40	(1,75)	(2,10)
1 rm Stückholz ofenfertig, geschichtet	0,85	1,20	1	1,70		
1 Srm Stückholz ofenfertig, geschüttet	0,50	0,70	0,60	1		
1 Srm (Wald-) Hackgut G 30 „fein“	0,40	(0,55)			1	1,20
1 Srm (Wald-) Hackgut G 50 „mittel“	0,33	(0,50)			0,80	1
1 Tonne Hackgut (G 30) entspricht bei w = 35 % rund 4 Srm Weichholz (Fichte) bzw. 3 Srm Hartholz (Buche)						

Umrechnungszahlen gebräuchlicher Sortimente aus der Holzwirtschaft (Sägenebenprodukte = SNP):

1 rm Spreißel, Schwarten, gebündelt	entspricht	0,65 fm
1 Srm Sägehackgut, G 50 („mittel“)	entspricht	0,33 fm
1 Srm Sägespäne (bis 5 mm Stückgröße)	entspricht	0,33 fm
1 Srm Hobelspäne	entspricht	0,20 fm
1 Srm Rinde (unzerkleinert)	entspricht	0,30 fm

Heizwert des Holzes

Der Heizwert eines festen Brennstoffs (Hu) ist die Wärmemenge, die bei vollständiger Verbrennung von 1 kg festem Brennstoff frei wird, wenn das bei der Verbrennung gebildete Wasser verdampft und mit den Verbrennungsgasen im Kamin abgeführt wird.

Wird der Wasserdampf kondensiert, so ergibt die bei der Verbrennung entstehende Wärmemenge plus der aus der Kondensation frei werdenden Wärme den Brennwert (Ho).

Der Heizwert ist daher um die Kondensationswärme (= Verdampfungswärme) des bei der Verbrennung gebildeten Wassers geringer als der Brennwert; d. h. je größer die gebildete Wasserdampfmenge, umso größer auch der Unterschied. Diese Technik der sogenannten Rauchgaswärmerückgewinnung nutzt man bei Öl- und Gasbrennwertgeräten seit Jahren, bei Pelletsheizungen erst seit Kurzem. Der Heizwert des Holzes ist im Wesentlichen von zwei Einflussgrößen abhängig:

- Wassergehalt in Prozent
- Masse (herkömmlich Gewicht genannt) in Kilogramm

Heizwert in Abhängigkeit vom Wassergehalt

Je mehr Wasser im Holz enthalten, desto geringer ist sein Heizwert, da das Wasser im Verlauf des Verbrennungsvorgangs verdampft und dabei Wärme verbraucht wird. Die Verdampfungswärme für 1 kg Wasser beträgt ca. 0,68 kWh (2,44 MJ).

Da im praktischen Gebrauch zwei Ausdrücke häufig verwechselt werden, sollten diese näher erklärt werden:

Die **Holzfeuchte oder Holzfeuchtigkeit (u)** ist der Anteil des im Holz enthaltenen Wassers, bezogen auf die wasserfreie, reine Holzmasse (absolute Trockensubstanz), und wird aus der Differenz zwischen Frischgewicht (Gu) und Darrgewicht (Go) des absolut trockenen Holzes (w = 0 %) errechnet.

Der **Wassergehalt (w)** ist der Anteil des im Holz enthaltenen Wassers, angegeben in Prozent der Masse des wasserhaltigen Holzes (Frischgewicht).

$$u = \frac{G_u - G_o}{G_o} \times 100 \text{ in Prozent} \qquad w = \frac{G_u - G_o}{G_u} \times 100 \text{ in Prozent}$$

Es gelten folgende Zusammenhänge:

$$w = \frac{100 \times u}{100 + u} \qquad u = \frac{100 \times w}{100 - w}$$

Wassergehalt (w) in %	10	15	20	25	30	35	40	50	60		
Feuchtigkeit (u) in %	11	18	25	33	43	54	67	100	150		
Feuchtigkeit (u) in %	10	20	30	40	50	60	70	80	100	125	150
Wassergehalt (w) in %	9	16	23	29	33	38	41	44	50	56	60

Heizwert des Holzes in Abhängigkeit des Wassergehalts

in Abhängigkeit des Wassergehalts

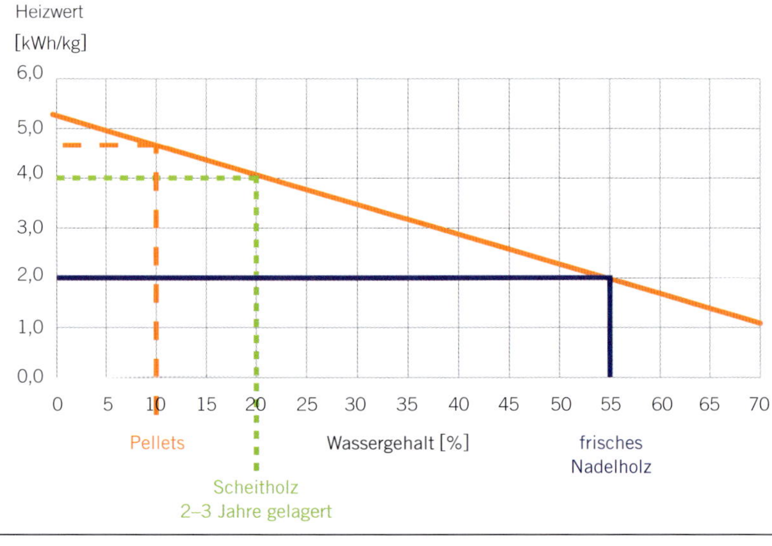

Waldhackgutproduktion

Der Bauer als Waldbesitzer nutzt mehr und mehr die Möglichkeit, im Zuge einer Stammzahlreduktion oder einer Durchforstung Waldhackgut zu produzieren. Dabei ist zu beachten:

Aufschließung:

Rückegassen, Rückewege und Forststraßen tragen wesentlich zur Wirtschaftlichkeit der Waldhackgutproduktion bei! („Keine Waldpflege ohne Wege!")

Ausbildung und Ausrüstung:

Neben einem sicheren Umgang mit der Motorsäge (grobe Entastung, „Stummelung") ist auch eine optimale persönliche Schutzausrüstung, besonders Schnitt- und Augenschutz, wichtig!

Vorbereitung des Materials:

Eine grobe Entastung („Stummeln" der Äste auf circa 10 cm Länge) sorgt für eine natürliche Düngung des Waldes und bessere Trocknung.

Zeitpunkt:

Aus Forstschutzgründen (Borkenkäfergefahr) ist besonders bei Nadelholz auf den Zeitpunkt der Fällung zu achten (September/Oktober).

Durch Fällung von Laubholz im Sommer, Liegenlassen bis zur vollkommenen Austrocknung der Blätter und anschließendem Aufarbeiten und Hacken wird ein Wassergehalt des Hackguts unter 30 % erreicht.

Nährstoffe:

Die Waldhackgutproduktion darf nicht zu einer modernen Form der Streunutzung bzw. des Reisighackens werden! Wipfel und Äste unter 5 cm Durchmesser müssen im Wald bleiben (geschlossener Nährstoffkreislauf).

Lagerung:

Das „Rohmaterial" soll eine manipulierbare Länge haben (2 bis 4 m) und luftig gelagert werden (Unterlager verwenden). Sonneneinstrahlung und zusätzliche Trocknung durch Wind beachten!

Ein niedriger Wassergehalt erhöht den Heizwert.

Kosten:

Ein optimales Wegenetz, verbunden mit einer richtigen, zentralen Lagerung, verringert die Hackguterzeugungskosten und erhöht die Wirtschaftlichkeit. Höhere Rückekosten (zentrale Lagerung) können in der Regel durch geringere Hackkosten ausgeglichen werden. Eine zentrale Lagerung bringt bei laufender Kontrolle auch einen Vorteil bei der Borkenkäferüberwachung.

Automatische Holzfeuerungssysteme

Durch die Automatisierung der Heizungsanlagen wird der Komfort erhöht; eine kontinuierliche Brennstoffzufuhr erhöht den Wirkungsgrad und beeinflusst positiv die Qualität der Verbrennung. Die zahlreichen verschiedenen Systeme mit automatischer Brennstoffzufuhr bieten bei

- gleichbleibender Korngröße
- geringer Feuchtigkeit
- exakter Steuerung der Anlage
- korrekter Bedienung und Wartung

folgende Vorteile:

- optimale Verbrennung (hohe Temperatur)
- guten Wirkungsgrad
- hohen Bedienungskomfort
- geringere Umweltbelastung
- keine Versottung von Kessel und Rauchfang

Je trockener das Hackgut, desto höher der Heizwert und desto umweltfreundlicher die Verbrennung!

Verwendung heimischer Energie

- Einkommensmöglichkeiten für den Waldbesitzer
- Schaffung von Arbeitsplätzen

Pelletsöfen

Pellets sind gepresste Sägerestprodukte ohne jegliche Zusatzstoffe.

Kraftwärmekopplungen („KWK-Anlagen")

Das Hauptziel ist die Erzeugung von elektrischer Energie aus Hackgut. Die dabei anfallende Restwärme wird meist in ein Fernwärmenetz eingespeist oder zum Betrieb von Trockenkammern verwendet.

Hinweise für gute Holzverbrennung:

Wenig Asche, Farbe der Asche Hellgrau bis Weiß, kein sichtbarer Rauch über dem Rauchfang, wenig Ruß in den Rauchgaswegen, kaum Ruß in den Feuerraumwänden, geringer Brennstoffverbrauch.

Reinhaltung der Luft und ordentliche Waldpflege lassen sich mit einer Hackschnitzelheizung optimal verbinden!

Hinweise für schlechte Holzverbrennung

Starke Rauchentwicklung, Rußablagerungen in der näheren Umgebung (am Schnee deutlich feststellbar), Asche dunkelgrau und schwer, Ruß in den Rauchgaswegen, sogar Nassrußablagerungen.

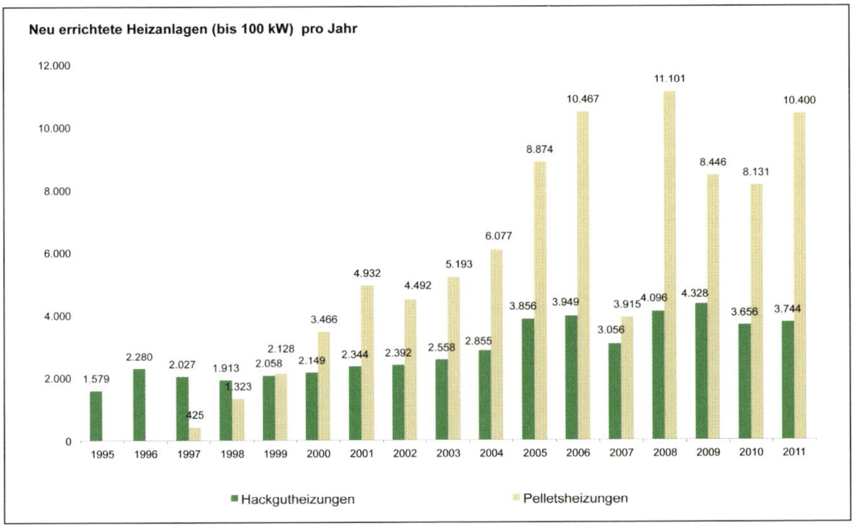

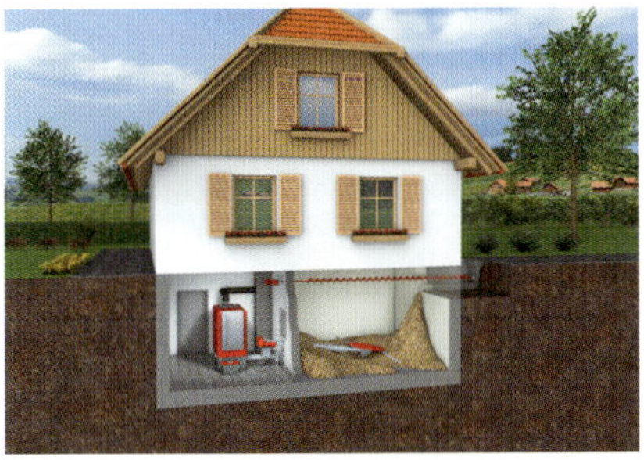

Mit einer Deckenschnecke können unterirdische Lagerräume bis zur Decke mit Hackgut befüllt werden.

Die direkte Befüllung des Hackgutbunkers mit dem Transportfahrzeug ist die optimale Lösung.

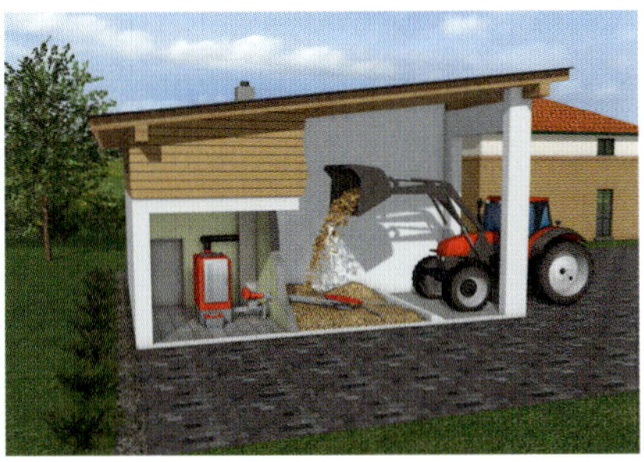

Reicht der Platz für einen Vorratsbunker nicht, kann das Heizmaterial von einem nahe gelegenen Zwischenlager herangeschafft werden.

Die Einlagerung von Hackgut in einem höher gelegenen Vorratsbunker kann über ein Gebläse oder eine Schnecke erfolgen.

Forstrecht

Wichtige Bestimmungen des Forstgesetzes (FG)

Walddefinition

Wald im Sinne des Bundesgesetzes ist eine mit Holzgewächsen (forstlicher Bewuchs) bestockte Grundfläche, soweit die Bestockung mindestens eine Fläche von 1 000 m^2 und eine durchschnittliche Breite von 10 m erreicht.

Walderhaltung, Rodungsverbot

Aufgrund des großen öffentlichen Interesses an den günstigen Wirkungen des Waldes darf ohne behördliche Bewilligung Waldboden in keine andere Kulturgattung umgewandelt werden (Rodungsverbot). Bei Flächen unter 1 000 m^2 genügt eine Anmeldung bei der Forstbehörde. Diese kann innerhalb von 6 Wochen ein Rodungsbewilligungsverfahren einleiten.

Rodungsansuchen müssen an die zuständige Bezirkshauptmannschaft gerichtet werden. Die „Verbesserung der Agrarstruktur" wird im FG als möglicher Grund für die Genehmigung eines Rodungsantrags angeführt.

Kurzumtriebsflächen

Kurzumtriebsflächen mit Umtriebszeiten von maximal 30 Jahren gelten nicht als Wald, wenn die Fläche vorher nicht Wald war und eine Meldung an die Forstbehörde innerhalb von zehn Jahren erfolgt ist.

Wiederbewaldung

Waldboden ist nach der Schlägerung (spätestens im fünften Jahr) wieder aufzuforsten. Notwendige Nachbesserungen müssen durchgeführt werden. Bei Naturverjüngung kann bis zum zehnten Jahr zugewartet werden.

Wald an Eigentumsgrenzen

Windmantel

Wenn durch eine Schlägerung an der Besitzgrenze der nachbarliche Wald einer offensichtlichen Windwurfgefahr ausgesetzt würde, muss ein mindestens 40 m breiter Windmantel stehen gelassen werden. Wenn das Alter des nachbarlichen Waldes mindestens 30 Jahre über der gesetzlichen Hiebsunreife liegt, darf der Windmantel nach vorheriger nachweislicher Verständigung des Besitzers (sechsmonatige Frist) geschlägert werden.

Überhangsrecht

Anrainer sind nicht berechtigt, überhängende Äste oder Wurzeln abzuschneiden, wenn der Wald dadurch den Gefahren des Windwurfs oder Sonnenbrands ausgesetzt würde.

Waldverwüstung

Sie ist grundsätzlich verboten! Darunter versteht man unter anderem die Schwächung der Produktionskraft des Waldbodens, die Verhinderung einer rechtzeitigen Wiederbewaldung und die Ablagerung von Müll und Klärschlamm. Sonderbestimmungen über waldgefährdende Wildschäden sind zu beachten.

Waldweide

Die Erhaltung des Waldes und seiner Wirkungen darf durch die Waldweide nicht gefährdet werden.

Schneeflucht

Bei drohenden Elementargefahren darf Weidevieh für die Dauer der Gefahr auch in fremden Wald eingetrieben werden; Entschädigungspflicht.

Schutzwald, Objektschutzwald

Wald auf gefährdeten Standorten (z. B. felsige, schroffe, seichtgründige Lagen) und in der Kampfzone des Waldes nennt man Schutzwald. Wenn Wald zur Abwehr bestehender Gefahren für Menschen, Siedlungen, Anlagen usw. notwendig ist, kann er von der Behörde durch Bescheid zum Objektschutzwald erklärt werden. Dem Besitzer dieses Waldes steht eine Entschädigung zu.

Hiebsunreife, Fällungsbeschränkungen

Die Hiebsreife erreichen:

Pappel, Weide, Robinie ab 10 Jahren;

Erle, Birke ab 20 Jahren;

Douglasie, Weymouthkiefer, Esche ab 40 Jahren;

alle übrigen Baumarten ab 60 Jahren.

Bestände, die die Hiebsreife noch nicht erreicht haben, dürfen nicht im Kahlschlag geerntet werden. Einzelstammentnahmen dürfen die Überschirmung nicht unter 6/10 senken. Kahlschläge über 0,5 Hektar sind bewilligungspflichtig. Bei Kahlschlag zählen auch an die Schlägfläche angrenzende Blößen und ungesicherte Kulturen.

Betretungsrecht, Öffnung des Waldes

Jedermann darf den Wald zu Erholungszwecken betreten und sich dort aufhalten. Dies gilt nicht für Forstkulturen bis zu einer Höhe von 3 m, für Forstgärten und Holzlagerplätze. Ohne Zustimmung des Waldbesitzers ist Zelten, Befahren und Reiten verboten.

Forststraßen dürfen nur mit Bewilligung des Waldbesitzers befahren werden.

Schifahren im Wald ist im Bereich von Liften (500 m beidseitig) außerhalb der markierten Pisten verboten.

Das Pilze- und Beerensammeln zu Erwerbszwecken ist verboten.

Sperren

Es ist wichtig, für Sperren im Wald nur die abgebildeten Tafeln zu verwenden. Andere Tafeln haben nicht die gleiche rechtliche Wirkung.

Befristete Sperren sind mit dem Zusatz „Gefahr durch Waldarbeit“ und der Dauer der Sperre zu versehen (Datumsangabe).

Befristet dürfen gesperrt werden: Flächen, auf denen geschlägert und Holz zur Straße gebracht wird, Windwurfflächen, Wegebaustellen. Die Haftung bei Unfällen von Waldbesuchern wird eingeschränkt. Dauernde Sperren können für Christbaumkulturen, Tier- oder Alpengärten ausgesprochen werden.

Waldbrandschutz

Das Anzünden von Feuer durch nicht befugte Personen, auch das Wegwerfen von brennenden Gegenständen, wie z. B. Zigarettenstummeln, ist im Wald und in dessen Nähe verboten. Beabsichtigtes Schlagbrennen sollte unbedingt der Gemeinde und der zuständigen Feuerwehr gemeldet werden.

Forstschädlinge

Der Waldbesitzer hat jede gefahrdrohende Vermehrung von Forstschädlingen umgehend der Bezirkshauptmannschaft zu melden. Er hat in geeigneter, ihm zumutbarer Weise die Schädlingsvermehrung wirksam zu bekämpfen und ihrem Entstehen vorzubeugen. Nadelholz sollte während der Vegetationszeit nur kurz in Rinde im Wald bleiben. Sollte es länger gelagert werden, muss es wegen der Gefahr von Borkenkäferbefall entrindet oder mit einem zugelassenen Präparat gespritzt werden.

Christbaumkulturen

Sie müssen innerhalb einer Frist von 10 Jahren nach Errichtung der Bezirkshauptmannschaft gemeldet werden. Christbaumkulturen auf Waldboden unterliegen damit nicht den Bestimmungen der Hiebsunreife und dürfen dauernd gesperrt werden. Ohne Anmeldung würden Christbaumkulturen auf landwirtschaftlichen Flächen nach 10 Jahren automatisch Wald werden.

Bringung über fremden Grund

Wenn die Waldbewirtschaftung keine andere Möglichkeit zulässt, dürfen Forstprodukte über fremden Grund transportiert und sogar vorübergehend gelagert werden. Dem belasteten Grundbesitzer steht eine Entschädigung zu, über die gegebenenfalls die Bezirkshauptmannschaft entscheidet.

Gesetzesbestimmungen, die in engem Zusammenhang mit der Waldwirtschaft stehen

Aufforstung von landwirtschaftlichen Flächen

In den Bundesländern gibt es verschiedene Gesetze, die die Aufforstung landwirtschaftlicher Kulturflächen regeln. In den meisten Fällen wird in einer Verhandlung, die die Bezirkshauptmannschaft durchführt und in der die betroffenen Nachbarn sowie die zuständige Bezirksbauernkammer gehört werden, entschieden. Wenn die landwirtschaftliche Bewirtschaftung beeinträchtigt wird, muss ein entsprechender Abstand gehalten werden.

Jagdgesetz

Die meisten Jagdgesetze (Landesgesetze) enthalten Bestimmungen, die besagen, dass bei der Hege des Wildes auf die Interessen der Land- und Forstwirtschaft Rücksicht genommen werden muss. Darüber hinaus gibt es meist Bestimmungen, dass die Behörde auf überhöhte Wildstände, die den Wald gefährden, reagieren muss. Betroffene Waldbesitzer können nach diesen Bestimmungen sowie nach den Bestimmungen des Forstgesetzes (Waldverwüstung) Anzeige erstatten. Verbiss-, Fege- und Schälschäden an Waldbäumen müssen vom Jagdausübungsberechtigten ersetzt werden. Bei der Schadensanmeldung sind bestimmte kurze Fristen einzuhalten.

Werkvertrag, Bauernakkord

Nach der momentanen rechtlichen Handhabung sind Eigentümer eines land- und forstwirtschaftlichen Betriebs weiterhin im Schutz der Versicherung der Sozialversicherungsanstalt der Bauern, wenn sie für land- und forstwirtschaftliche Arbeiten einen Werkvertrag abschließen. Einschränkende Bestimmungen nach Umfang und Ort der Arbeit sind einzuhalten. Da der Vertragsinhalt eine Vielzahl rechtlicher Folgen nach sich zieht, ist eine entsprechende Beratung in diesen Dingen vor Vertragsabschluss zu empfehlen.

Die Akkordantentätigkeit ist bei der Sozialversicherung zu melden!

Aufgaben:

- Sie wollen auf einer Ihrer Wiesen entweder eine Kurzumtriebsfläche oder eine Christbaumkultur anlegen. Welche Bestimmungen aus dem Forstgesetz haben Sie dabei jeweils zu beachten?
- Darf jedermann zu Erholungszwecken den Wald a) betreten, darin b) rauchen, c) zelten und d) Feuer anzünden?
- Sie wollen einen Kahlschlag machen. Welche gesetzlichen Beschränkungen (z. B. Schlaggröße, Windmantel, Hiebsunreife, Wiederbewaldung ...) haben Sie einzuhalten?
- Worin besteht der Unterschied zwischen Schutzwald und Bannwald?

Die Organisation des Forstwesens und forstliche Förderung

Der Bauer hat bei der Ausübung seines Berufs hauptsächlich mit folgenden Stellen Kontakt:

- Landwirtschaftskammer
- Forstbehörde
- Agrarbehörde
- Wildbach- und Lawinenverbauung

Örtliche Zuständigkeit

Zuständigkeitsbereich	Landwirtschaftskammer	Forstbehörde
BEZIRK	BEZIRKSBAUERNKAMMER Forstsekretär, Forstberater	BEZIRKSFORSTINSPEKTION Bezirksforsttechniker Bezirksförster
BUNDESLAND	LANDES-LANDWIRTSCHAFTSKAMMER Forstabteilung	LANDESFORSTDIREKTION
BUNDESGEBIET	LANDWIRTSCHAFTSKAMMER ÖSTERREICH = Präsidentenkonferenz der Landes-Landwirtschaftskammern	BUNDESMINISTERIUM für LAND- und FORSTWIRTSCHAFT Lebensministerium Forstsektion

Fachliche Zuständigkeit

LANDWIRTSCHAFTSKAMMER

Sie ist die gesetzliche Interessensvertretung der Grundbesitzer.

Aufgaben:

- Vertreten der Interessen der Grundbesitzer gegenüber anderen; z.B Begutachtung von Gesetzesvorlagen, Erstellen von Entschädigungsrichtlinien
- Beratung der Grundbesitzer in allen fachlichen Fragen
- Förderung; Mitarbeit bei der Förderungsabwicklung

FORSTBEHÖRDE

Aufgaben:

- Überwachung der Einhaltung der Bestimmungen des Forstgesetzes
- Beratung der Waldbesitzer
- Förderung; Mitarbeit bei der Förderungsabwicklung

Forsttechnischer Dienst der Wildbach- und Lawinenverbauung

Aufgaben:

- Projektierung und Durchführung von Maßnahmen zur Abwehr von Gefahren durch Wildbäche und Lawinen
- Ausarbeitung von Gefahrenzonenplänen

Um zu erfahren, welche Förderungen unter welchen Bedingungen und in welcher Höhe beansprucht werden können, sollte ein enger Kontakt mit der Bezirksbauernkammer und/oder der Bezirksforstinspektion gehalten werden.

Die vier genannten Stellen sind in den einzelnen Bundesländern unterschiedlich stark vertreten. Auch die Arbeitsschwerpunkte werden anders gesetzt.

Die **LANDARBEITERKAMMER (LAK)** ist die gesetzliche Interessensvertretung der unselbständig Beschäftigten in der Land- und Forstwirtschaft. Das sind beispielsweise die Arbeiter und Angestellten der Forstbetriebe der Lagerhäuser und der Landwirtschaftskammern.

Agrarbehörde

Aufgaben:

- Kommassierung
- Teilung von gemeinschaftlichen Grundstücken
- Erstellung von Wirtschaftsplänen für Agrargemeinschaften
- Kontrolle der Agrargemeinschaften

Forstliche Förderung

Geldmittel für forstliche Förderungsmaßnahmen stellen die Europäische Union, der Bund und die einzelnen Länder zur Verfügung. Die Ziele der Förderung sind:

- Erhaltung und Verbesserung der Schutz-, Wohlfahrts- und Erholungswirkung des Waldes (z. B. Hochlagenaufforstung, Schutzwaldsanierung)
- Verbesserung der Nutzwirkung (z. B. Strukturverbesserung, Investitionen für Bringungsanlagen, Sanierung geschädigter Wälder), Vermarktung, Weiterbildung

Beispiele für Förderungen: Neuaufforstung, Aufforstung nach Katastrophen, Bestandesumwandlung, Bestandespflege …

Umfang und Gegenstand sowie die Höhe der Förderung (Fördersatz) können sich Jahr für Jahr ändern. Trotz gleicher Rahmenbedingungen für ganz Österreich unterscheiden sich die Förderrichtlinien der einzelnen Bundesländer durch andere Schwerpunktsetzung deutlich voneinander.

Im Rahmen verschiedener nationaler und EU-kofinanzierter Programme besteht die Möglichkeit der Förderung spezieller Projekte (z. B.: Waldwirtschaftsgemeinschaften, gemeinsamer Holzverkauf, Biomasse-Fernwärmeprojekte ...).

Aufgaben:

- Nennen Sie die Hauptaufgaben der Landwirtschaftskammer, der Forstbehörde und der Agrarbehörde!
- Sie wollen sich erkundigen, welche Förderungen für Ihren Betrieb infrage kommen. An welche Stellen können Sie sich wenden?

Forstliche Betriebswirtschaft

Ertragskunde

Neben Boden und Klima spielt die genetische Veranlagung (Erbmaterial) eine große Rolle bei der Entwicklung eines Baums vom Sämling zum hiebsreifen Stamm.

Für den Waldbesitzer ist es wichtig und interessant zu wissen, wie viele Festmeter Holz in den einzelnen Beständen und auf seiner gesamten Waldfläche stehen. In den folgenden Kapiteln wird erläutert, wie man den Holzvorrat selbst errechnen und des Weiteren daraus die nachhaltige jährliche Nutzung (Hiebsatz) ableiten kann.

Erhebung der ertragskundlichen Daten

Zu den ertragskundlichen Daten zählen:

- Bestandesalter
- Anteile der einzelnen Baumarten an der Gesamtfläche
- Ertragsklasse (Bonität)
- Vorrat/Masse

In der Natur werden Brusthöhendurchmesser, Baumhöhe und Alter erhoben und daraus die anderen Daten errechnet bzw. nachgeschlagen.

Grundsätzlich gibt es zwei Möglichkeiten der Erhebung:

- **Die Vollaufnahme:** Von jedem Baum werden Höhe und Brusthöhendurchmesser gemessen.
- **Die Stichprobe:** Es werden nur bestimmte Bäume gemessen und das Ergebnis auf die Gesamtfläche hochgerechnet. In der Praxis wird hauptsächlich die Aufnahme von Stichproben angewendet, da sie den Genauigkeitsansprüchen genügt und weniger Arbeitszeit erfordert. Am günstigsten ist die Wahl von Stichprobenflächen mit genau 100 m^2 (Kreis mit Radius von 5,64 Metern oder Quadrat mit 10 × 10 m), da man die Ergebnisse nur mit 100 multiplizieren muss, um die Werte für einen Hektar (10 000 m^2) zu erhalten. Um Fehler zu vermeiden, muss der erste Eckpunkt des Quadrats zufällig (bestimmte Schrittanzahl in eine beliebige Richtung) gefunden werden und mindestens 2 Flächen je Bestand und mindestens 6 Probeflächen je Hektar aufgenommen werden. Die Probefläche muss mithilfe eines Maßbands ausgepflockt werden. Die Abstände sind waagrecht zu messen – auch in geneigtem Gelände. Von jedem Baum werden Brusthöhendurchmesser (BHD) und Höhe (h) gemessen.

> Die Ertragskunde versucht, die Leistungsfähigkeit der einzelnen Baumarten zu messen, diese miteinander zu vergleichen und dem Anwender Hilfen für die Leistungsfeststellung zu geben.

Der Brusthöhendurchmesser

Er wird immer in einer Höhe von genau 1,3 m – von der Bergseite aus gesehen – mit einer Messkluppe gemessen. Aus dem Brusthöhendurchmesser wird die Grundfläche des Baums ermittelt. Die Grundflächen der einzelnen Baumarten werden getrennt aufsummiert.

Die Baumhöhe

Sie wird mit einem Lineal (mindestens 40 cm lang) als „Höhenmessgerät" und einem Stab (3 m) als Vergleichshöhe gemessen.

- Markieren Sie am Stab genau die 3-Meter-Marke mit leuchtend gelbem Isolierband.
- Am Lineal wird die 0- und die 3-Zentimeter-Marke gekennzeichnet.
- Lehnen Sie den Stab möglichst senkrecht an den zu messenden Baum.
- Suchen Sie in circa 1 ½ Baumlängen Entfernung auf gleicher Höhe mit dem Stammfuß einen Standpunkt, von dem aus Sie Wipfel und Wurzelanlauf des Baums sehen können.
- Verändern Sie die Entfernung Auge–Lineal so lange, bis die 0-Marke auf den Stammfuß und die 3-Zentimeter-Marke auf die 3-Meter-Marke des Stabs zeigen.
- Visieren Sie jetzt (ohne Lineal und Kopf zu bewegen) den Wipfel an und lesen Sie auf dem Lineal die Zentimetermarkierung ab, wo die Linie Auge–Baumwipfel vorbeiführt.
- Das Zentimetermaß entspricht der Baumhöhe in Metern!

Die Baumhöhen werden (getrennt nach Baumarten) aufsummiert und daraus die mittlere Baumhöhe je Baumart errechnet.

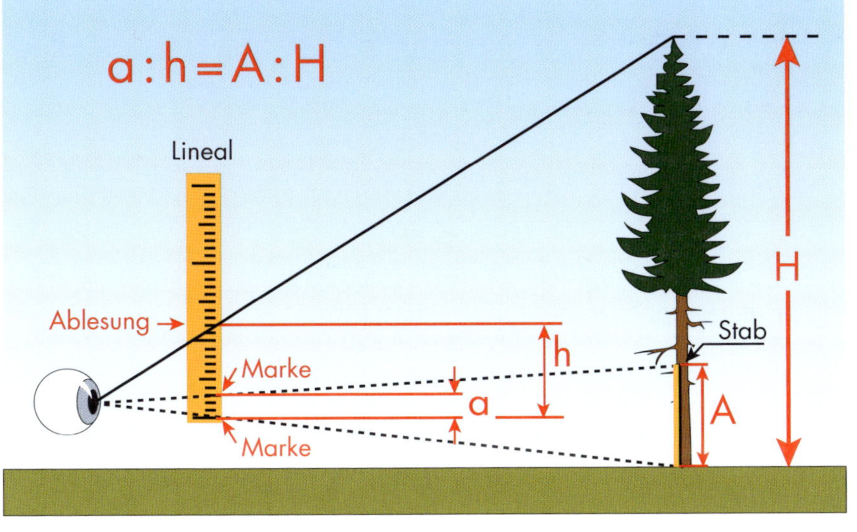

Bestimmung der Baumhöhe mit einfachen Hilfsmitteln

Das Bestandesalter

Zur Ermittlung der durchschnittlichen Zuwachsleistung (Bonität) ist die Altersfeststellung notwendig.

Dafür gibt es folgende Möglichkeiten:

- Abzählen der Astquirle (nur bei Nadelbäumen bis circa 40 Jahre genau).
- Abzählen der Jahresringe an einem Stock oder an einem Bohrspan von einem Altersbohrer. Je nach der Höhe des Stocks oder der Bohrstelle sind so viele Jahre dazuzuzählen, wie der Baum unter günstigen Umständen zur Erreichung dieser Höhe braucht.

Zuwachs, Bonität

Durch Höhen- und Dickenwachstum vergrößert ein Baum jährlich sein Volumen bzw. seine Holzmasse. Lichtbaumarten erreichen den höchsten Zuwachs sehr früh. Sinkt er bei alten Beständen deutlich ab, sollen sie geschlägert werden.

Die Summe der Zuwächse aller Bäume des Bestandes ergibt den laufenden Zuwachs (lfZ). Seine Höhe hängt wesentlich vom Alter des Bestandes und der Baumart ab.

Die Summe der jährlichen Zuwächse innerhalb von 100 Jahren je Hektar, dividiert durch 100, ergibt den durchschnittlichen Gesamtzuwachs (dGZ). Dieser ist bei einem voll bestockten Bestand gleichzeitig die Bonität.

8. Bonität bedeutet:

In diesem Bestand wachsen in 100 Jahren unter den gegebenen Bedingungen 800 Vfm je Hektar zu. Die Bonität lässt sich am einfachsten über die Oberhöhe (das ist die durchschnittliche Höhe der 100 stärksten Bäume auf einem Hektar bzw. der drei stärksten Bäume je Winkelzählprobe) ermitteln.

Die Bonität (Ertragsklasse) ist die Einheit für die Massenleistung einer bestimmten Baumart auf dem jeweiligen Standort.

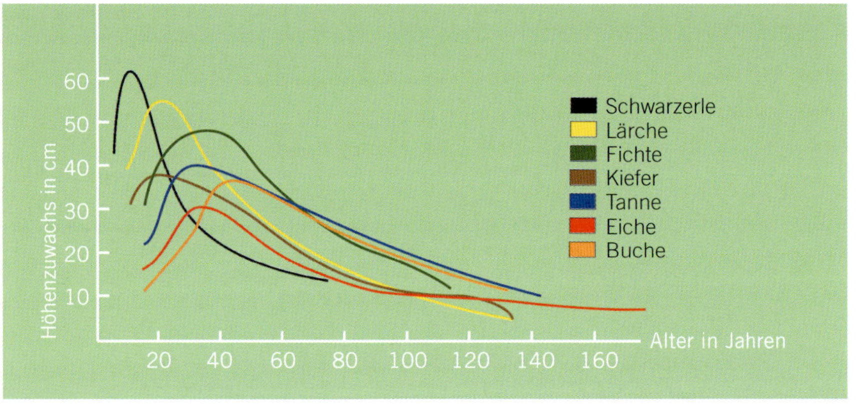

Jährlicher Bestandeshöhenzuwachs auf artspezifisch besten Standorten

Grundfläche, Bestockungsgrad

Unter günstigen Umständen sind die Bäume gleichmäßig über die ganze Fläche verteilt. Der Abstand der Bäume zueinander hängt hauptsächlich von den Lichtbedürfnissen der jeweiligen Baumart und der Standortgüte ab. Auf guten Standorten brauchen die Bäume weniger Platz (höhere Stammzahlen). Fichte steht im Endbestand enger als z. B. Lärche, Kiefer und Buche.

Baumart	Fichte			Kiefer			Buche		
Alter	50	80	110	50	80	110	50	80	110
Oberhöhe	**Bonität**								
10 m	4	–	–	–	–	–	3	–	–
15 m	7	–	–	4	2	–	5	–	–
20 m	11	5	4	8	4	3	8	4	3
25 m	16	8	6	–	7	5	–	6	5
30 m	–	12	9	–	–	8	–	9	7
35 m	–	16	13	–	–	–	–	–	10

Bonität laut Ertragstafel.

Beispiel: Ein 80-jähriger Kiefernbestand mit 25 m Oberhöhe entspricht der 7. Bonität.

Misst man auf einem Hektar von jedem Baum eines Bestandes den Brusthöhendurchmesser (BHD), lässt sich mit den folgenden Formeln die Grundfläche (G) des Bestandes errechnen:

$$g = \frac{BHD \times BHD \times \pi}{4}$$

$$BG = \frac{\text{IST-Grundfläche (G)}}{\text{Grundfläche laut Ertragstafel}}$$

$$G = g_1 + g_2 + g_3 + g_4 + \ldots$$

g_1 = Grundfläche des ersten Baumes

BHD = Durchmesser in 1,3 m Höhe

G = Grundfläche des Bestandes

Üblicherweise wird der Bestockungsgrad über Ertragstafeln (siehe Kapitel „Ertragstafeln“) errechnet. Muss man ihn anschätzen, ist es am einfachsten zu ermitteln, wie viel Prozent der Fläche nicht bestockt sind. Das Klupieren des Brusthöhendurchmessers jedes einzelnen Baumes und die anschließende Berechnung der Grundfläche G stellt einen sehr großen Arbeitsaufwand dar.

Baumart	Fichte			Kiefer			Buche		
Alter	50	80	110	50	80	110	50	80	110
Bonität	**Grundfläche (m^2)**								
4	18,6	32,7	38,6	23,8	30,2	32,8	22,9	30,4	33,0
6	26,7	39,0	43,6	29,7	37,1	40,6	27,5	33,6	35,3
8	32,1	43,9	48,3	35,9	43,8	47,9	30,4	35,4	36,7
10	36,4	48,1	52,7	–	–	–	32,7	36,9	37,9
12	39,8	51,9	56,9	–	–	–	–	–	–

Grundfläche (SOLL) laut Ertragstafel.

Beispiel: Ein 80-jähriger Buchenbestand der 6. Bonität müsste 33,6 m^2 Grundfläche haben, um einen Bestockungsgrad von 1 (voll bestockt) aufzuweisen.

Achtung!

Protzen überschirmen eine große Fläche und täuschen einen zu hohen Bestockungsgrad vor. Auf den Abstand der Bäume schauen!

Bei einer Durchforstung oder beim Anlegen von Rückegassen wird die Grundfläche des Bestandes vermindert, was für kurze Zeit zu einem leichten Zuwachsrückgang führt. Dieser wird durch den verstärkten Zuwachs der begünstigten Bäume wieder ausgeglichen! In Summe bleibt der Zuwachs gleich.

Grundflächenermittlung mittels Winkelzählprobe

Dank der genialen und weltweit genutzten Idee des österreichischen Professors Dr. Bitterlich lässt sich die Bestandesgrundfläche einfach und rasch messen. Als Messinstrument benötigt man einen 1 Meter langen Stab, an dessen Ende man ein quadratisches, 4 Zentimeter breites Plättchen befestigt. Das andere Ende wird sorgfältig abgerundet. Mit diesem Gerät sucht man im Bestand einen Punkt für eine Stichprobe auf, setzt das abgerundete Ende des Stabs unter dem Auge an und kontrolliert bei einer Drehung um 360 Grad, ob die Bäume in der Umgebung in Brusthöhe breiter oder schmäler als das Plättchen erscheinen. Jeder Stamm, der breiter ist, wird gezählt. Gleich breite Bäume werden halb gewertet. Dieses Verfahren nennt man Winkelzählprobe (WZP).

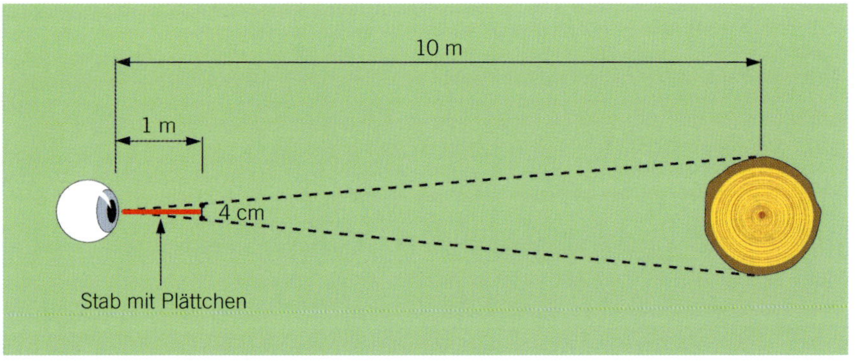

Multipliziert man nun die Anzahl der gezählten Bäume mit 4, so erhält man die Grundfläche G des Bestandes in Quadratmeter je Hektar. Die Zahl 4 ist der sogenannte Zählfaktor. Er ist vom Verhältnis Stablänge zu Plättchenbreite abhängig.

Beispiel: 12 gezählte Bäume mal 4 ergibt: $G = 12 \times 4 = 48\ m^2/ha$

Grenzstammkontrolle

Ist man unsicher, ob ein Baum breiter als das Plättchen erscheint, misst man die Entfernung vom eigenen Standort zur Baummitte und den Brusthöhendurchmesser des Stammes. Der Abstand in m mal 4 ergibt den erforderlichen Mindestdurchmesser in Zentimeter. Ein Baum mit 10 Meter Abstand muss demnach zumindest 40 cm BHD haben. Umgekehrt darf ein Stamm mit 32 cm BHD nur 8 Meter (32 : 4 = 8) vom Probenmittelpunkt entfernt sein.

Eine Grundfläche von 60 m^2 wird höchstens in dichten Althölzern bester Bonität überschritten. Bei einer WZP wird man demnach selten mehr als 15 Bäume zählen.

Im geneigten Gelände muss das Ergebnis noch mit Zuschlagsfaktoren korrigiert werden.

Neigung in %	Zuschlagsfaktor	Neigung in %	Zuschlagsfaktor
10	1,01	50	1,12
20	1,02	60	1,17
30	1,05	70	1,22
40	1,08	80	1,28

Um die Zufälle bei einer einzelnen Aufnahme auszugleichen, sind je Hektar zumindest fünf bis sechs Aufnahmen zu machen.

Berechnungsbeispiel:

fünf Winkelzählproben, 30 % Hangneigung

WZP 1 10 Stämme

WZP 2 9 Stämme

WZP 3 12 Stämme

WZP 4 10 Stämme

WZP 5 7 Stämme

Bei den fünf Aufnahmen wurden insgesamt 48 Stämme gezählt, die breiter als das Plättchen waren. Die durchschnittliche Stammzahl beträgt 9,6 (48 : 5 = 9,6) Stück.

Multipliziert mit dem Zählfaktor 4 ergibt das eine Grundfläche von 38,4 m^2/ha. Wegen der Hangneigung von 30 % sind die 38,4 m^2/ha noch mit dem Zuschlagsfaktor von 1,05 zu multiplizieren. Die tatsächliche Grundfläche (G) des aufgenommenen Bestandes beträgt somit 40,3 m^2/ha. Setzt man dieses Ergebnis in die Formel für die Massenermittlung am stehenden Bestand auf der nächsten Seite ein, erhält man die auf einem Hektar stockende Holzmasse.

Die Massenermittlung am stehenden Baum

Um die Masse eines stehenden Baums errechnen zu können, muss man von ihm Durchmesser und Höhe kennen. Die Massenberechnung erfolgt nach der Formel:

$$m = g \times h \times f$$

m = Masse des Baumes in Vorratsfestmeter (Vfm)

g = Grundfläche des Baumes

h = Höhe des Baumes

f = Formzahl des Baumes

Die Formzahl (f) gibt an, wie voll- oder abholzig ein Baum ist. Würde er z. B. gleichmäßig wie ein Kegel zum Wipfel hin zulaufen, hätte er die Formzahl 0,33. Sie hängt im Wesentlichen von Alter und Baumart ab. Folgende Tabelle gibt einen Überblick.

Beispiel: Fichte, 80 Jahre,

31 cm BHD, 25 m Höhe;

$$g = \frac{0{,}31 \times 0{,}31 \times 3{,}14}{4} = 0{,}075$$

$$m = 0{,}075 \times 25 \times 0{,}46 = 0{,}86 \text{ Vfm}$$

Formzahl laut Ertragstafel

Alter/Baumart	Fichte	Tanne	Lärche	Kiefer	Buche	Eiche
40	0,48	0,50	0,43	0,39	0,35	0,36
80	0,46	0,52	0,43	0,43	0,48	0,49
120	0,44	0,50	0,43	0,42	0,49	0,50

Die Massenermittlung für einen Bestand

M = G x H x F

Mit Formzahl

Die Formel lautet genauso wie für den einzelnen Baum. Die Buchstaben werden großgeschrieben und beziehen sich auf den Bestand.

Mit Ertragstafeln

Die Massenermittlung mit Ertragstafeln ist in einem späteren Kapitel beschrieben. In der Praxis wird hauptsächlich diese Methode angewendet, da es mit Ertragstafeln möglich ist vorauszusagen, wie der Bestand bzw. seine Masse in z. B. 30 Jahren aussehen wird.

Umrechnung Vorratsfestmeter (Vfm) – Erntefestmeter (Efm)

Faustzahlen für den Ernteverlust:

Fichte –20 % Kiefer –25 % Buche –20 % Lärche –27 %

Vorratsfestmeter – Ernteverlust = Erntefestmeter

Bei ertragskundlichen Aufnahmen wird die Grundfläche aus dem Brusthöhendurchmesser mit Rinde errechnet. Die Höhenmessung beginnt auf der Bodenoberfläche. Mit der Formzahl werden daraus die Vorratsfestmeter errechnet. Darin sind demnach die ganze Holzmasse über dem Boden und die Rinde enthalten.

Schlägert man einen gemessenen Bestand, verkauft das Holz und vergleicht die Holzabmaß mit den eigenen Aufnahmen, wird man eine große Differenz feststellen – den Ernteverlust. Darin enthalten sind der tatsächliche Ernteverlust (verbleibender Stock, Wurzelanläufe, Fallkerb ...) und der Rindenverlust. Der Ernteverlust hängt im Wesentlichen ab von:

- Baumart (Rindenstärke, Wuchsform)
- Durchmesser (Alter, Ertragsklasse)

Ertragstafeln

Ertragstafeln (ET) sind Wachstumstabellen für Bestände, gegliedert nach Baumart und Bonität. Entstanden sind sie, indem man viele Bestände über einen längeren Zeitraum hinweg immer wieder genau vermessen und aus den Ergebnissen mathematische Formeln abgeleitet hat. Messungen und Berechnungen erfolgten getrennt nach Baumarten.

Um mit der Ertragstafel arbeiten zu können, muss zuerst die Bonität ermittelt werden. Dies geschieht über das Bestandesalter und die Oberhöhe der jeweiligen Baumart.

Beispiel: 100-jähriger Fichtenbestand, Oberhöhe 29,8 m

Das entspricht genau der 8. Bonität der abgebildeten Ertragstafel.

Aus der Tafel kann man in der Zeile für das Alter 100 folgende Informationen über den Bestand ablesen: Die Höhe des Mittelstamms soll 26,8 m, dessen Durchmesser 31,2 cm, die Formzahl 0,452 betragen; es sollen 627 Stämme mit einer Grundfläche von 48 m² und einer Masse von 580 Vfm pro Hektar stehen. Bis zu diesem Alter hätten 220 Vfm entnommen werden sollen, das sind 27,4 % von der bisher zugewachsenen Masse. Zusammen mit dem verbleibenden Bestand sind bisher 800 Vfm zugewachsen. Der laufende Zuwachs beträgt rund 6 Vfm/ha und Jahr.

Baumart: FICHTE – BRUCK/MUR Ertragsklasse: 8 dGZ100

	verbleibender Bestand								ausscheidender Bestand			Gesamtbestand		
Alter	Oberhöhe	Mittelstamm Höhe	Mittelstamm BHD	Formzahl	Stammzahl	Grundfläche	Masse (Vorrat)	ADZ	im Jahrzehnt	insgesamt	Anteil an der Gesamtmasse	Masse (GWL)	IfZ	dGZ
Jahre	m	m	cm	0,	St.	m²	vfm$_D$		vfm$_D$		%		vfm$_D$	
20	7,3	6,1	6,6	269	5 050	17,5	29	1,43				30		1,50
30	12,0	10,2	10,6	478	2 902	25,7	126	4,20	16	16	11,5	142	11,21	4,74
40	16,2	13,9	14,3	488	1 961	31,7	216	5,39	27	44	16,8	259	11,71	6,48
50	19,7	17,1	17,8	481	1 455	36,2	299	5,98	31	75	20,0	374	11,45	7,47
60	22,6	19,9	21,0	473	1 147	39,8	374	6,23	32	107	22,2	481	10,71	8,01
70	25,0	22,2	24,0	466	944	42,6	439	6,27	31	138	23,9	577	9,66	8,25
80	27,0	24,0	26,6	460	804	44,8	495	6,19	29	168	25,3	663	8,53	8,28
90	28,5	25,5	29,1	455	702	46,6	541	6,01	28	195	26,5	737	7,40	8,19
100	29,8	26,8	31,2	452	627	48,0	580	5,80	24	220	27,4	800	6,32	8,00
110	30,7	27,7	33,1	449	571	49,2	612	5,56	21	241	28,2	853	5,31	7,76
120	31,5	28,5	34,7	446	529	50,2	638	5,32	17	259	28,8	897	4,39	7,48
130	32,2	29,1	36,2	445	497	51,0	660	5,08	14	273	29,2	933	3,60	7,18
140	32,6	29,6	37,3	443	474	51,7	678	4,85	11	283	29,4	962	2,88	6,87
150	33,1	30,0	38,1	442	458	52,3	694	4,63	7	290	29,5	985	2,29	6,56

Voraussetzungen, damit die Zahlen mit einem konkreten Bestand übereinstimmen:

- volle Bestockung (keine Lücken)
- Stärke und Zahl der Durchforstung müssen den Annahmen, die der Tafel zugrunde liegen, entsprechen.

Ertragstafeln gibt es für alle wichtigen Baumarten.

Weiterer Vorteil: Man kann nachschlagen, wie ein junger Bestand z. B. in 50 Jahren aussehen wird.

Massenermittlung mit Ertragstafeln

Diese erfolgt nach der Formel:

$$m\ (\text{Vfm/ha}) = Bg \times M\ (\text{laut ET})$$

M Masse des Bestandes
BG Bestockungsgrad
ET Ertragstafel

Bei mehreren Baumarten wird die Masse jeder Art für sich ermittelt und die Summe gebildet.

Will man die Masse eines bestimmten Bestandes, ist das Ergebnis mit dessen Fläche zu multiplizieren.

Baumart	Fichte			Kiefer			Buche		
Alter	50	80	110	50	80	110	50	80	110
Bonität	Masse (Vfm)								
4	72	238	343	127	239	290	100	259	344
6	149	343	456	200	353	435	177	365	460
8	221	445	572	291	480	589	252	465	572
10	290	547	689	–	–	–	324	561	578
12	357	648	809	–	–	–	–	–	–

Masse laut Ertragstafel

Beispiel: 80-jähriger Bestand; Oberhöhe Fi 25 m, Kiefer 25 m;
Grundfläche Fi 23 m^2,
Ki 14 m^2, Bestandesfläche 0,63 ha

1. Bonität ermitteln: (in Tabelle „Bonität laut Ertragstafel" nachschauen) ergibt:

   Fi: 8. Bon; Ki: 7. Bon.

2. SOLL-Grundfläche in Tabelle „Grundfläche laut Ertragstafel" nachsehen:

   Fi: 43,9 m^2, Ki: 40,5 m^2. Mittel zwischen 6. Bonität (37,1 m^2) und 8. Bonität (43,8 m^2) bilden.

3. Bestockungsgrad (BG) errechnen:

   $$BG = \frac{\text{IST-Grundfläche}}{\text{SOLL-Grundfläche}}$$

   $$Fi = \frac{23}{43{,}9} = \sim 0{,}5$$

   $$Ki = \frac{14}{40{,}5} = \sim 0{,}3$$

4. Masse in Tabelle „Masse laut Ertragstafel" suchen:

   Fi: 445 Vfm, Ki: Mittel aus 480 und 353 = 416 Vfm

5. Masse in Vfm/ha ermitteln (M = BG × M lautet ET)

   Fichte 0,5 × 445 = 222,5 Vfm/ha

   Kiefer 0,3 × 416 = 124,8 Vfm/ha

   $$\overline{\quad 347{,}3 \text{ Vfm/ha}}$$

6. Masse des Bestandes (0,63 ha) in Erntefestmetern errechnen:

222 × 0,63 × 0,8 = 112 Efm (20 % Abzug)

125 × 0,63 × 0,75 = 59 Efm (25 % Abzug)

$$\overline{\quad 171 \text{ Efm}}$$

Vom Bestand sind 171 Efm Holz zu erwarten.

Wichtige ertragskundliche Erkenntnisse

Internationale Versuche, vor allem mit Fichte, haben folgende Besonderheiten aufgezeigt:

- Der Holzzuwachs einer Baumart je Hektar und Jahr ist vor allem von der Wasser- und Nährstoffversorgung abhängig. Er beginnt erst zu sinken, wenn der Bestockungsgrad unter 0,6 fällt. Der kurzfristige Zuwachsrückgang nach Durchforstungen und der Anlage von Rückegassen wird durch einen Mehrzuwachs innerhalb weniger Jahre wieder ausgeglichen.
- Das Dickenwachstum wird vor allem durch das Kronenvolumen bestimmt. Früh gepflegte und stammzahlärmere Bestände haben einen höheren Brusthöhendurchmesser und günstigere H/D-Werte, weil der am Hektar vorgegebene Zuwachs auf weniger Bäume verteilt wird.
- In der Phase des stärksten Höhenwachstums – bei Fichte im Alter zwischen 25 und 50 Jahren – lässt sich der H/D-Wert praktisch nicht verbessern. Die Folgen versäumter früher Pflegemaßnahmen können später nur mehr teilweise beseitigt werden.
- Das Höhenwachstum ist von der Stärke der Durchforstungen unabhängig.

- Jungbestände zeigen häufig eine bessere Bonität als Altbestände in direkter Nachbarschaft. Gründe dafür können das bis in die 50er-Jahre praktizierte Streurechen und der gestiegene Eintrag von Stickstoff sein.
- Mischbestände, vor allem mit Licht- und Schattbaumarten, bringen häufig bessere Massenleistungen als Reinbestände.
- Ertragskundliche Erhebungen zeigen auf gleichem Standort oft folgenden Bonitätsunterschied zur Fichte: Lärche –1, Tanne +1, Kiefer –2, Buche, Esche und Bergahorn –2; das bedeutet: Hat die Fichte z. B. eine 8. Bonität, hat in diesem Bestand die Tanne eine 9., die Kiefer eine 6. usw.
- Um den gewünschten Zieldurchmesser zu erreichen, wird auf schlechtwüchsigen Standorten eine längere Umtriebszeit mit niedriger Stammzahl benötigt. Auf guten Böden ist es umgekehrt.

Aufgaben:

- Beschreiben Sie die Vorgangsweise beim Messen einer Baumhöhe.
- Was versteht man unter dem Begriff „Bonität"; wie kann man sie ermitteln?
- Beschreiben Sie die Vorgangsweise bei der Ermittlung der Grundfläche eines Bestandes.
- Wie kann man aus der Grundfläche den Bestockungsgrad errechnen?
- Warum müssen Vorratsfestmeter auf Erntefestmeter umgerechnet werden?
- Was sind Ertragstafeln und wofür verwendet man sie?
- Wie lautet die Formel für die Massenermittlung mit Ertragstafeln?
- Beschreiben Sie kurz die Schritte, die nötig sind, um nach dieser Methode die Masse zu erhalten.

Waldwirtschaftsplan

Zwischen Land- und Forstwirtschaft bestehen einige bedeutende Unterschiede. Diese sind in einem späteren Kapitel angeführt.

Vor allem der lange Produktionszeitraum im Wald von bis zu 200 Jahren (Eichenhochwald) verlangt eine vorausschauende Planung. Der Wald soll so bewirtschaftet werden, dass seine Funktionen (Nutz-, Schutz-, Wohlfahrts- und Erholungsfunktion) erhalten bleiben. Für die Nutzfunktion (für den bäuerlichen Betrieb meistens die wichtigste) bedeutet dies: Es darf nur so viel geschlägert und es muss so viel aufgeforstet und gepflegt werden, dass auch die nachfolgenden Generationen entsprechende Erträge aus dem Wald erzielen können. Dieses Prinzip wird Nachhaltigkeit genannt.

Die Erhaltung aller Funktionen des Waldes wird am besten durch einen Waldwirtschaftsplan gewährleistet.

Der Waldwirtschaftsplan ist die Planung der Bewirtschaftung des Waldes: Er bezieht sich auf

- den gesamten Betriebszweig „Waldwirtschaft" (Gesamtplanung)
- und auf die einzelnen Bestände (Detailplanung).

Darüber hinaus kann er

- Grundlage für die Einheitsbewertung und eine
- Chronik der Waldbewirtschaftung sein, damit die
- Leistungsfähigkeit des Waldes dokumentieren und zur
- intensiveren Bewirtschaftung des Waldes anregen.

Wie wird ein Waldwirtschaftsplan gemacht?

Vorbereitende Arbeiten

Die Grenzen sind frei von Bewuchs zu halten, die Grenzsteine zu streichen, strittige Grenzverläufe sind einvernehmlich mit dem Nachbarn zu klären.

Auf jeder Gemeinde liegt die Katastralmappe auf. Sie besteht aus den Mappenblättern, in denen jede Parzelle mit ihrer Nummer eingezeichnet ist. Gegen Entgelt können Sie sich Kopien der Karten anfertigen lassen.

Auf den kopierten Mappenblättern werden nun die Bestände eingezeichnet. Daraus entsteht schließlich die Bestandes- oder Waldkarte.

Bestandesausscheidung

Darunter versteht man die Zergliederung einer Parzelle in Bestände. Ein Bestand ist die kleinste planerische Einheit. Er wird einheitlich bewirtschaftet und weist auf der ganzen Fläche annähernd die gleichen Baumarten, das gleiche Alter und ähnliche Bodenverhältnisse auf.

Jeder Bestand erhält eine fortlaufende Nummer, um Verwechslungen zu vermeiden.

Skizze

Sind die Grenzen des Bestandes klar, wird er in das Mappenblatt eingezeichnet. Dazu ist es nötig, die Richtungen der Bestandesgrenzen (Kompass) und deren Länge (Schrittmaß) zu ermitteln.

Bestandesbeschreibung

Sie soll kurz und prägnant den Bestand charakterisieren. Sie enthält:

- das Entwicklungsstadium (Naturverjüngung, Kultur, Dickung, Stangenholz, Altholz)
- den Schlussgrad; dieser gibt an, wie viele Zehntel des Waldbodens durch die Kronen bedeckt werden (0 = Blöße, 1, 2, 3 = räumig; 4, 5, 6 = locker; 7, 8 = lückig; 9, 10 = geschlossen)
- die Erscheinungsform (z. B. gleichaltrig, gesicherte bzw. ungesicherte Kultur, vergrast, grobastig …)
- Verjüngung und Baumarten, die im Bestand nur in wenigen Stücken vorkommen
- Schäden
- Ausmaß der Schäden in Prozenten der Stammzahl (einzelne = bis 10 %; mäßig starke = 10–30 %, starke = 30–70 %, sehr starke = mehr als 70 %)

Beispiele:

- Lückige, vergraste, ungesicherte Kultur mit einzelnen Verbissschäden
- Geschlossene Dickung mit einigen Lärchen, Kiefer grobastig
- Lückiges Altholz, reichliche Fichtenverjüngung, mäßig starke Rückeschäden

Erhebung der ertragskundlichen Daten

Brusthöhendurchmesser, Baumhöhe, Bestandesalter

Die Bestände werden zu Altersklassen zusammengefasst und deren Fläche auf der Bestandeskarte mit der entsprechenden Farbe bemalt.

Für spezielle Zwecke (z. B. Einheitsbewertung im Kleinwald) werden einzelne Altersklassen in größere Gruppen zusammengefasst (z. B. 1–40, 41–80, über 80 Jahre).

Altersklasse	Alter	Farbe
0	Blöße	Weiß
I	1–20	Gelb
II	21–40	Rot
III	41–60	Grün
IV	61–80	Blau
V	81–100	Hellbraun
VI	101–120	Dunkelbraun
VII	121–	Schwarz

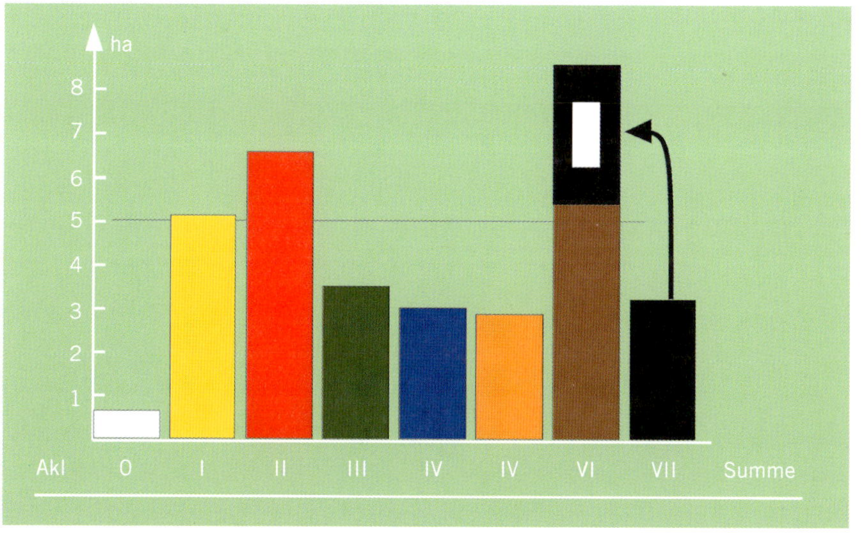

Die grafische Darstellung verdeutlicht die Altersklassenverteilung. Geplante Umtriebszeit: 120 Jahre.

Verfügt ein Betrieb über annähernd die gleiche Waldfläche in jeder Altersklasse, spricht man von einem ausgeglichenen Altersklassenverhältnis.

Bei einer geplanten Umtriebszeit von 120 Jahren dürften eigentlich keine Flächen in der VII. Altersklasse vorhanden sein. Ist dies trotzdem der Fall, so wird in der Grafik „Altersklassenverteilung" der Balken für die VII. Altersklasse zweimal gezeichnet: einmal auf seinem Platz, einmal auf den Balken für die VI. Altersklasse draufgesetzt.

Die Bonität

Zur Ermittlung werden die Baumhöhen in den Probeflächen herangezogen.

Die Masse des Bestandes

Sie kann nach folgenden Regeln ermittelt werden:

M = G × H × F

M = BG × M laut ET

Bei mehreren Baumarten wird die Masse jeder einzelnen Art nach obigen Formeln berechnet und dann die Gesamtsumme gebildet. Das Ergebnis bezieht sich auf Vorratsfestmeter je Hektar. Will man die Masse des verkaufsfähigen Holzes auf einer konkreten Schlagfläche wissen, muss man die Masse jeder Baumart um den jeweiligen Ernteverlust vermindern. Die Gesamtmasse (Efm je Hektar) mal die Fläche des Schlags ergeben die tatsächlichen Erntefestmeter.

Waldbauliche Planung

Sie gliedert sich in zwei Punkte: das Festlegen der Maßnahmen und deren Reihung nach Dringlichkeit.

Die Maßnahmen sind im Kapitel „Bestandespflege" näher beschrieben.

Bei der Dringlichkeit werden drei Stufen unterschieden:

- **Sehr dringend:** Maßnahme ist in diesem oder im nächsten Jahr durchzuführen.
- **Dringend:** Zur Durchführung ist höchstens 5 Jahre Zeit.
- **Nicht dringend:** Die Maßnahme ist innerhalb von 10 Jahren durchzuführen.

Beispiele:

- Kulturpflege: sehr dringend Lärchen nachbessern.
- Dickungspflege: sehr dringend Kiefernprotzen entnehmen, dringend Stammzahlreduktion vornehmen.

Die waldbauliche Planung in dieser Form hat die Aufgabe zu zeigen, welche Arbeiten in den nächsten Jahren auf welcher Fläche zu erledigen sind. Da üblicherweise die Arbeitskapazität nicht für die Erledigung aller Arbeiten reicht, sollen die nachfolgenden Kriterien eine **Reihung der Bestände nach der Dringlichkeit** erleichtern:

- Entwicklungsstufe: jüngere vor älteren
- Bestandessicherheit: labile vor stabilen
- Mischung: gemischte vor reinen
- Standort: wüchsige vor geringwüchsigen Beständen

Kartenerstellung

Grundlage für die Karte ist die Skizze auf dem Mappenblatt. Die Karte soll enthalten: Bezeichnung der Waldorte, markante Punkte, Grenzsteine (nummeriert), Bestände mit Nummer und in der Farbe der jeweiligen Altersklasse, Maßstab, Nordpfeil, Zeichenerklärung.

Flächenrechnung

Um die Fläche der einzelnen Bestände zu erhalten, muss eine Flächenrechnung durchgeführt werden. Dabei zerlegt man die Bestände auf der Karte in geometrische Figuren (Quadrat, Rechteck, verschiedene Dreiecke) und errechnet von diesen die Fläche (Maßstab!).

Die Summe der Bestandesflächen einer Parzelle müsste die Fläche der Parzelle laut Kataster ergeben. Fast immer treten Abweichungen auf, die mit einem Korrekturfaktor beseitigt werden müssen.

$$\frac{\text{SOLL-Fläche laut Kataster}}{\text{IST-Fläche laut Flächenrechnung}}$$

Beim sogenannten Flächenausgleich wird die Fläche jedes Bestandes mit dem Korrekturfaktor multipliziert.

Beispiel:

Fläche lt. Kataster = 20,17 ha

Fläche lt. Flächenrechnung = 20,48 ha

20,17 : 20,84 = 0,968

Die errechnete Fläche ist größer als die tatsächliche. Daher muss die von jedem Bestand errechnete Fläche mit dem Korrekturfaktor 0,968 multipliziert werden. Unter Verwendung von Orthofotos – das sind entzerrte, maßstabsgetreue Luftbilder – mit dem darübergelegten digitalen Kataster lassen sich rasch sehr genaue Karten erstellen. Durch das Digitalisieren der Flächen, z. B. auf der Hofkarte der AMA, erhält man das genaue Flächenausmaß.

Auswertung

Die bisher erhobenen Daten haben sich immer auf konkrete Bestände bezogen. Damit man einen Überblick über den gesamten Betrieb erhält, müssen sie zusammengefasst werden.

Die Auswertung soll enthalten:

- die Fläche jeder Altersklasse
- die Fläche jeder Baumart
- das Durchschnittsalter
- die durchschnittliche Ertragsklasse der Altersklasse und des Betriebs
- den Vorrat je Altersklasse und den Gesamtvorrat

Je mehr Gesichtspunkte bei der Auswertung berücksichtigt werden, desto genauere Grundlagen bietet sie für die Gesamtplanung.

Gesamtplanung

Aus den Ergebnissen der Auswertung werden bei der Gesamtplanung Folgerungen abgeleitet:

Hiebsatz

Das ist jene Menge Holz, die man jährlich nachhaltig nutzen kann. Er gliedert sich in Vornutzung (Durchforstung) und Endnutzung.

Endnutzungshiebsatz

Der am einfachsten zu ermittelnde Hiebsatz in der Endnutzung ist der Flächenhiebsatz:

$$\frac{\text{Waldfläche}}{\text{Umtriebszeit}} = \text{Jahresschlagfläche}$$

Jahresschlagfläche × durchschnittlicher Holzvorrat der Altersklassen, die älter als die Umtriebszeit minus 20 Jahre sind, ergibt den Jahreshiebsatz in Vorratsfestmetern. Auf Erntefestmeter umrechnen!

Beispiel:

Umtriebszeit 120 Jahre; durchschnittlicher Vorrat der VI. und VII. Altersklasse: 410 Vfm/ha; Waldfläche 20,3 ha;

$$\frac{20{,}3}{120} = 0{,}17 \qquad 0{,}17 \times 410 = \text{ca. } 70 \text{ Vfm}$$

Im Zuge der Endnutzung können nachhaltig jährlich 70 Vfm genutzt werden.

Vornutzungshiebsatz:

Ist ein bestimmter Prozentsatz des Endnutzungshiebsatzes. Übliche Größe 20–40 %.

Beispiel: Vornutzungshiebsatz 30 %

70 × 0,30 = 21 Vfm

Hiebsatz (gesamt) = Hiebsatz Endnutzung + Hiebsatz Vornutzung

70 + 21 = 91

Umrechnung Vorratsfestmeter in Erntefestmeter: 91 × 0,80 = ca. 73 Efm.

Es können nachhaltig jährlich ca. 73 Efm Holz genutzt werden.

Die beschriebene, sehr einfache Form der Hiebsatzermittlung berücksichtigt nur zwei Faktoren: die Waldfläche und den Vorrat der ältesten Altersklassen. Aus diesem Grund ist dieses Verfahren nur sinnvoll, wenn der Wald

- ein ausgeglichenes Altersklassenverhältnis und
- in allen Altersklassen annähernd die gleiche Bonität aufweist.

Weitere Punkte, die bei der Hiebsatzermittlung berücksichtigt werden müssen:

- Holzpreis (marktgerechtes Verhalten!)
- Der Wald muss in ein Konzept für den gesamten bäuerlichen Betrieb eingepasst werden.
- Pflegezustand (Bei Pflegerückständen eventuell die Endnutzung zugunsten der Vornutzung vermindern.)
- Abbau des Altholzüberhangs
- Verminderung der Endnutzung (bei Altholzmangel u. a.)

Waldbauliche Maßnahmen

In Abhängigkeit von der für die Waldarbeit verfügbaren Zeit sowie von Arbeitskräften und Maschinen und unter Berücksichtigung der Dringlichkeitsstufen wird ein Konzept für die Pflege- und Erntemaßnahmen erstellt. (Welche Arbeiten sind in welchem Jahr in welchem Bestand zu verrichten?)

Forstwegebau

Aus der Waldkarte kann die Länge der Forstwege herausgemessen und anschließend die Wegedichte berechnet werden. Daraus ist abzuleiten, ob die Aufschließung ausreichend ist, oder ob weitere Forststraßen gebaut werden sollten.

Der Wirtschaftsplan (das Operat)

Er besteht aus der Karte und dem Wirtschaftsbuch. Im Wirtschaftsbuch werden alle Bestandesdatenblätter, die Flächenrechnung, die Auswertung und die Gesamtplanung gesammelt. Am besten eignet sich dazu ein Ringordner.

Die händische Auswertung ist mit einem großen Zeitaufwand für die vielen Berechnungen verbunden. Deshalb werden die Operate fast ausschließlich mittels elektronischer Datenverarbeitung erstellt. Ein bedeutender Vorteil der EDV-Programme liegt darin, dass die laufenden Änderungen, wie z. B. ein neuer Schlag oder das Hineinwachsen eines Bestandes in die nächste Altersklasse, jederzeit eingegeben und sofort neu berechnet werden können. Man hat dadurch ständig einen aktuellen Wirtschaftsplan.

Aufgaben:

- Was versteht man unter „Nachhaltigkeit"?
- Warum ist es sinnvoll, einen Waldwirtschaftsplan zu machen?
- Welche Arbeitsschritte sind zur Erstellung eines vollständigen Waldwirtschaftsplans nötig?
- Angenommen, Sie hätten festgestellt, dass in Ihrem Wald große Pflegerückstände vorhanden sind: Welche Bestände (in Abhängigkeit von Alter, Stabilität, Baumartenverteilung ...) würden Sie vorrangig pflegen? Begründen Sie Ihre Entscheidung.
- Wie wird der Gesamthiebsatz ermittelt?

Grundsätzlich sollte bei allen Fällen der Waldbewertung ein Fachmann der Forstbehörde, Landwirtschaftskammer oder Agrarbehörde um Rat gefragt werden.

Waldbewertung

Unter Waldbewertung wird der Versuch verstanden, von einzelnen Beständen bis hin zum gesamten Wald des Betriebs sowohl den Geldwert als auch die in Geld ausgedrückte Leistungsfähigkeit zu ermitteln. Anlässe dazu können sein:

- Feststellen des Einheitswerts
- Entschädigung
- Kauf bzw. Verkauf
- Ablöse von Nutzungsrechten

Einheitswert

Die Richtlinien für den Bewertungsvorgang werden vom Finanzministerium erlassen. Nach der Waldfläche werden drei Gruppen unterschieden:

- bis 10 ha: Kleinstwald (pauschale Hektarsätze)
- von 10 bis 100 ha: Kleinwald
- über 100 ha: Großwald

Berechnungsgrundlage für Kleinwald und Großwald sind im Wesentlichen:

- die Fläche der einzelnen Altersklassen
- der Anteil der einzelnen Baumarten daran
- deren Bonität
- verschiedene Abschläge (für Steilheit, Bedingungen für den Wegebau, Anteil der Rotfäule u. a.)

Kauf bzw. Verkauf

Verkaufswert = Bestandeswert + Bodenwert

Er wird in Euro pro Quadratmeter angegeben.
Bestandeswert:

- Hiebsreife Bestände: Erlöse aus Holzverkauf minus Erntekosten
- Junge Bestände: Kulturkosten (Kosten für Pflanzen, Arbeitszeit, Kulturpflege und Kulturschutz) plus Zinsanspruch

Entschädigung und Ablöse für Nutzungsrechte

Welche Berechnungsmethode angewendet wird, hängt vom jeweiligen Anlassfall ab.

Für Wildschäden, ein spezieller Fall der Entschädigung, wurden in den Jagdgesetzen der jeweiligen Bundesländer eigene Bewertungsrichtlinien festgelegt.

Überbetriebliche Zusammenarbeit

Die Zusammenarbeit mehrerer Betriebe bei der Bewirtschaftung des Waldes hat das Ziel, den Geldertrag des Betriebszweigs „Waldwirtschaft“ zu steigern, z. B. durch:
Verminderung der Kosten und/oder Steigerung des Verkaufserlöses

Folgende Bereiche eignen sich besonders gut für die Zusammenarbeit:

- **Wegebau:** Je weniger beim Bau von Forstaufschließungswegen auf Besitzgrenzen Rücksicht genommen werden muss, desto besser können die Wege an das Gelände angepasst und die Bau- und Erhaltungskosten gesenkt werden.
- **Gemeinsamer Einkauf** von z. B. Forstpflanzen, biologischem Kettenöl, Schutzausrüstung, Forstschutzmitteln.
- **Bilden von Arbeitsgemeinschaften** mit dem Ziel wechselseitiger Hilfe und Zusammenarbeit (z. B. einer hilft mit seinen Maschinen bei der Kartoffelernte, dafür besorgt der andere mit der Seilwinde die Holzbringung; bei der Durchforstung wird gemeinsam gearbeitet).

In einer Gemeinschaft wird das Wissen von forstlichen Fachkräften (Meister der Forstwirtschaft, Forstfacharbeiter, Durchforstungshelfer) besser ausgenützt.

- Gemeinsamer Verkauf führt infolge der größeren Mengen zu höheren Preisen.

Beispiele für überbetriebliche Zusammenarbeit:

- Waldwirtschaftsgemeinschaft, Einkaufsgemeinschaft, Kranwagengemeinschaft
- Agrargemeinschaft
- Genossenschaften: Fernwärmegenossenschaft
- Maschinenring

Angesichts der steigenden Kosten und der gleichbleibenden oder sogar sinkenden Preise wird die Zusammenarbeit immer mehr zu einer Überlebensnotwendigkeit. Weiterhin wird durch die gemeinsame Arbeit das Unfallrisiko vermindert und die Freude an der Waldarbeit gesteigert.

Der zunehmende Mangel an Arbeitskräften und die oft daraus folgende Vernachlässigung des Waldes bieten die Möglichkeit eines Zu- oder Nebenerwerbs als Forstarbeiter (Bauernakkordant).

Betriebszweig „Waldwirtschaft" im bäuerlichen Betrieb

Der Betriebszweig Waldwirtschaft unterscheidet sich in einigen Punkten wesentlich von der Landwirtschaft:

- Längerer Produktionszeitraum.
- Pflegeaufwand und Pflegehäufigkeit sind geringer.
- Keine Terminarbeit; abgesehen von der Aufforstung ist die Waldarbeit das ganze Jahr über möglich. Keine Arbeitsspitzen, Ausweichmöglichkeit bei Arbeitskräfteüberschuss.
- Keine Kontingentierung (weder mengen- noch flächenmäßig).
- Die Holzpreise sind Weltmarktpreise (keine Stützung).
- Die Fixkosten sind in der Waldwirtschaft im Vergleich zur Landwirtschaft extrem niedrig (außer Motorsäge und Seilwinde sind kaum Spezialmaschinen nötig).

Standarddeckungsbeitragsrechnung

Die Ermittlung der Höhe der Fixkosten wie z. B. Sozial- und Pensionsversicherungsbeiträge, Investitionskosten für Gebäude und Maschinen ist relativ einfach. Die Zuteilung dieser Kosten auf die einzelnen Betriebszweige oder gar Produkte wie z. B. Sägerundholz oder Industrieholz ist ohne entsprechende Fachausbildung kaum möglich.

Mit der sogenannten „Deckungsbeitragsrechnung" umgeht man dieses Problem. Man subtrahiert vom Rohertrag die variablen Kosten und erhält so jenen Betrag, der zur Abdeckung der Fixkosten zur Verfügung steht. Durch das Ermitteln von sogenannten Standarddeckungsbeiträgen für fast alle landwirtschaftliche Produkte und Produktionsverfahren sowie für die am häufigsten vorkommenden Baumarten (Fichte, Kiefer und Buche) hat man praxisnahe Werte für Kalkulationen zur Verfügung.

Bei Vergleichen von sehr unterschiedlichen Produkten geben hohe oder niedrige Deckungsbeiträge keinen Aufschluss darüber, ob eine Produktionssparte wenig rentabel oder sehr lukrativ ist. Man muss dabei immer auf die dafür aufgewendeten Fixkosten – hauptsächlich Investitionen in Gebäude und Maschinen – achten. In der Forstwirtschaft stehen niedrigen Deckungsbeiträgen sehr geringe Fixkosten gegenüber. Der im Wald erzielbare Deckungsbeitrag je Arbeitskraftstunde kann Vergleichen mit der Landwirtschaft leicht standhalten.

Der Wald leistet einen wesentlichen Beitrag zum Einkommen der bäuerlichen Betriebe Österreichs. In der Regel sind Betriebe, die über Wald verfügen, finanziell besser gestellt und weniger krisenanfällig. Voraussetzung ist jedoch die richtige und intensive Bewirtschaftung des Waldes.

	Deckungsbeitrag in € je Hektar			Arbeitszeitbedarf Stunden je ha und Jahr			Deckungsbeitrag je Arbeitskraftstunde		
Bonität	Fichte	Kiefer	Buche	Fichte	Kiefer	Buche	Fichte	Kiefer	Buche
4	197	116	193	9	10	11	21	12	17
6	304	224	313	12	13	15	25	17	20
8	422	361	451	15	17	19	27	21	23
10	557	–	–	19	–	–	29	–	–
12	704	–	–	22	–	–	32	–	–

Beispiel für einen betriebswirtschaftlichen Vergleich zwischen Landwirtschaft und Forstwirtschaft

(Bezirksbauernkammer Neunkirchen, Februar 1994):

Die betriebswirtschaftliche Analyse des Arbeitseinsatzes in der Landwirtschaft und im Wald zeigt, dass sich in der Forstwirtschaft eine gute, zusätzliche Einkommensmöglichkeit bietet. Durch den Einsatz in der Landwirtschaft vorhandener Betriebsmittel im Forst sinken die jeweiligen Maschinenkosten, da ihre Auslastung steigt. Das Einkommen pro Stunde in der Forstwirtschaft ist deutlich höher als in der Landwirtschaft. Die gemeinschaftliche Holzvermarktung bietet eine weitere Möglichkeit, das Einkommen aus dem Betriebszweig Wald zu erhöhen. Regelmäßige Holznutzung kann nicht nur mithelfen, Einkommensrückgänge in anderen Bereichen auszugleichen, sondern ist die Voraussetzung für standfeste und ertragreiche Wälder.

Verglichen wird das Arbeitseinkommen aus:

- 18 Hektar Landwirtschaft: 12 Hektar Ackerbau mit Weizen, Roggen, Alternativkulturen, 6 Hektar Grünland inkl. Kleeanbau, 30 000 kg Milchkontingent, Stiermast mit eigenem Getreide.
- 41,4 Hektar Waldfläche: Buchenwald, Eichen-Kiefern-Wälder und Fichten-Lärchen-Wälder.

	Landwirtschaft	Forstwirtschaft
Fläche in ha	18	41
Rohertrag in €	37 560,–	20 338,–
Aufwand in €	25 034,–	4 026,–
Einkommen in €	12 526,–	16 312,–
Einkommen in %	43	57
Arbeitsaufwand in Stunden	5 000	1 200
Arbeitsaufwand in %	81	19
Rohertrag pro Stunde in €	7,49	16,93
Aufwand pro Stunde in €	5,01	3,34
Einkommen pro Stunde in €	2,47	13,59

Die regelmäßige Holznutzung ist eine zusätzliche Einkommensmöglichkeit für den bäuerlichen Betrieb!

Maschinenausstattung

- 2 Traktoren: 1 Steyr 8080-Allrad und 1 Steyr 8065-Hinterrad; bis auf den Mähdrusch wird alles mit eigenen Maschinen gemacht (teilweise in Gemeinschaftsbesitz). Die beiden Traktoren werden in der Forstwirtschaft zu 20 bis 30 % verwendet.
- 5,5 t Seilwinde
- 2 Motorsägen

Betriebswirtschaftlicher Vergleich zwischen Landwirtschaft und Forstwirtschaft. (Die Daten wurden aus Aufzeichnungen des Betriebsführers der Jahre 1988, 1989 und 1990 gemittelt.)

Aufgaben:

- Nennen Sie einige Anlässe für die Waldbewertung!
- Welche Vorteile bringt die überbetriebliche Zusammenarbeit?
- Auf welchen Gebieten könnten Sie sich eine Zusammenarbeit mit dem Nachbarn vorstellen?
- Der Betriebszweig Waldwirtschaft unterscheidet sich in betriebswirtschaftlicher Hinsicht in vielen Punkten von den landwirtschaftlichen Produktionszweigen. Nennen Sie einige wesentliche Unterschiede!

Forstliche Merkwörter

Abholzigkeit:
Abnahme des Durchmessers je Stammlängeneinheit; gewöhnlich in cm/lfm angegeben. Ein Stamm ist abholzig, wenn die Abnahme mehr als 1 cm/lfm beträgt.

Alter:
Anzahl der Vegetationszeiten (auch Kalenderjahre) seit der Keimung des Samens eines Baumes.

Altersklasse:
Einteilung des Produktionszeitraums (Umtriebszeit) in 20 Jahresperioden (I = 1 bis 20 Jahre, II = 21 bis 40 Jahre usw.).

Anflug:
Bestand in jugendlichem Alter (Jungwuchs), der durch Naturverjüngung aus leichten, flugfähigen Samen entstanden ist (Fi, Ki, Lä, Bi, Ah, Es ...).

Astreinigung:
Natürlicher Abfall von abgestorbenen Ästen vom Stamm.

Astung:
Künstliche Entfernung (Astreinigung) lebender oder toter Äste, meist zur Verbesserung der Holzqualität.

Aufforstung:
Künstliche Anlage von Baumbeständen.

Auflichtung:
Auflockerung eines Bestandes durch die Entnahme zahlreicher Bäume (z. B. zur Einleitung der Naturverjüngung).

Aufschlag:
Bestand in jugendlichem Alter, der aus schweren, nicht flugfähigen Samen durch Naturverjüngung entstanden ist (z. B. Eiche, Buche, Kastanie ...).

Auslesedurchforstung:
Durchforstungsverfahren mit individueller Begünstigung des wertversprechendsten Kandidaten durch Entnahme des bzw. der stärksten Konkurrenten.

Ausscheidender Bestand:
Gesamtheit der Bäume, die bei einer Durchforstung entnommen werden bzw. natürlich ausfallen.

Ausschlag:
Form der vegetativen Vermehrung durch Austreiben schlafender Knospen; Stock-, Stamm- oder Wurzelausschlag. Ausschlagwald (z. B. bei Eiche, Esche, Robinie, Weide ...).

Auwald:
Laubmischwaldgesellschaften im Überflutungs- bzw. Strömungsgebiet der Flüsse.

Ballenpflanze:
Pflanze, deren Wurzeln nach dem Ausheben noch von einem Erdklumpen, dem Ballen, umgeben ist und die mit dem Ballen wieder eingepflanzt wird.

Baumgrenze:
Grenze, über die hinaus Bäume aufgrund der klimatischen Gegebenheiten nicht vorkommen können.

Baumholz:
Bestand mit Brusthöhendurchmesser von 20 bis 50 cm BHD.

Bestand:
Fläche von stehenden Bäumen mit Einheitlichkeit hinsichtlich Alter, Artenzusammensetzung und Aufbau. Der Bestand ist vielfach die kleinste Einheit für die waldbauliche Behandlung.

Bestandespflege:
Waldbauliche Maßnahmen in den verschiedenen Entwicklungsphasen (Jungwuchs, Dickung, Stangenholz, Baumholz) zur Erreichung des Bestockungs- und Betriebsziels.

Blöße:
Größere, unbestockte Holzbodenflächen, die vorübergehend unbestockt bleiben.

Bodenverwundung:
Oberflächliche Bodenbearbeitung mit Rechen, Fräsen, Grubbern, Spezialschubraupen zur Durchmischung des Oberbodens mit der Humusauflage zwecks Aktivierung der Naturverjüngung.

Bonität:
Ertragsklasse. Maß für die Ertragsfähigkeit eines Standorts oder Bestandes.

Brusthöhendurchmesser (BHD):
Baumdurchmesser 1,30 m über dem Boden bergseitig gemessen.

Choker:
Vorrichtung auf dem Zugseil, welche den Zuzug mehrerer, getrennt gelagerter Stammstücke ermöglicht!

Containerpflanze:
Verschulung und Saat in Behälter zur Anzucht von wurzelgeschützten Ballenpflanzen, die unabhängig von der Kulturperiode während der ganzen Vegetationszeit verpflanzt werden können.

Derbholz:
Oberirdischer Holzkörper, dessen Durchmesser mit Rinde über 7 cm ist.

Dickung:
Jungbestand nach dem Eintritt des Bestandesschlusses bis zum Beginn der natürlichen Astreinigung.

Dickungspflege:
Maßnahmen der negativen Auslese (Säuberung) wie Protzenaushieb, Zurückdrängen Minderwertiger, Entfernung Kranker und Gefährdender und der positiven Auslese (Begünstigung) wie Mischungspflege, Auflockerung („Läuterung"), Kronenpflege.

Dienende Baumarten:
Sie steigern die Artenvielfalt, sorgen für astreine Schäfte, schützen vor Sonneneinstrahlung und Frost, erhalten günstiges Bestandesklima, erhalten guten Humuszustand und erhöhen die Wasser- und Nährstoffspeicherkapazität (z. B.: Hainbuche, Linde, Eberesche usw.).

Edellaubbaum:
Hartholzlaubbäume mit guter Ausschlagfähigkeit wie Ahorn, Esche, Ulme, Linde, Kirsche.

Emission:
Ausstoß von umweltbelastenden Substanzen. Emissionsquellen sind meist Anlagen der Industrie, aber auch Hausbrandschornsteine, Kraftfahrzeuge.

Endnutzung:
Holznutzung, die zur Verjüngung des Bestandes führt.

Energiewald:
Schnellwüchsige Baumarten (Pappel- und Weidensteckling) werden auf stillgelegten landwirtschaftlichen Nutzflächen angebaut. Nach drei bis fünf Jahren sind die Bäume bereits so groß, dass sie zu Hackschnitzeln verarbeitet werden können.

Festmeter (fm):
Maß für das Holzvolumen.

Vorratsfestmeter (Vfm):
Holzvolumen der stehenden Bäume. Durch Abzug der geschätzten Ernteverluste (meist 20 % für Ernte- und Rindenverlust) ergeben sich die

Erntefestmeter (Efm):
Der Erntefestmeter ohne Rinde ist die Maßeinheit für den Verkauf des Holzes.

Flurgehölz, Flurholz:
Kleinere, allseitig von Ackerflächen umgebene (außerhalb des Waldes), baumbestockte Fläche, die zwischen den landwirtschaftlichen Nutzflächen entweder im Lauf der historischen Entwicklung erhalten geblieben ist, sich neu bewaldet hat oder angepflanzt worden ist, z. B. Siedlungsgebiete.

Formschnitt:
Einkürzen von Trieben bzw. Entfernen von Stark- und Steilästen im Jungwuchsstadium.

Forststraße:
Lkw-befahrbarer, befestigter Weg.

Forwarder:
Auch Sortimentschlepper genannt, dient dieses Fahrzeug als Folgemaschine des Harvesters bei der voll mechanisierten Holzernte zur Rückung der Sortimente.

Fratten legen:
Methode der Schlagvorbereitung im geneigten Gelände, bei der die Äste auf in der Falllinie verlaufende Zeilen geworfen werden.

FSC:
Forest Stewardship Council.

Gesicherte Verjüngung:
Verjüngung mit ausreichender Pflanzenzahl ab jener Baumhöhe, bei der keine Gefährdung der weiteren Entwicklung (z. B. durch Gras, Schnee, Wild …) zu erwarten ist.

Gruppe:
Flächengröße ca. 100–500 m^2.

Hauptbaumart:
In einem Mischbestand diejenige Baumart, auf der waldbaulich und wirtschaftlich das Schwergewicht liegt.

Harvester (Vollernter):
Gerät zur voll mechanisierten Holzernte auf gut geländegängigem Trägerfahrzeug; Fällung, Entastung, Ausformung und Sortierung möglich.

Heister:
Über 1,5 m hohe Laubholzpflanze.

Herbizide:
Chemische Mittel zur Unkrautbekämpfung.

Herkunft:
In einem bestimmten Gebiet vorkommende Pflanzen- bzw. Baumart mit charakteristischen, genetisch fixierten Eigenschaften.

Hiebsreife:
Beim Einzelbaum das Erreichen der gewünschten Zielstärke. Beim Bestand dasjenige Stadium der Entwicklung, in dem eine wirtschaftlich ausreichende Zahl von Stämmen die Zielstärke erreicht hat.

Hochwald:
Ein aus Kernwuchs, Naturverjüngung, Saat oder Pflanzung hervorgegangener Wald.

Horst:
Flächengröße ca. 500–1 000 m^2.

Humus:
Aus dem Abbau von Pflanzen- und Tierkörpern hervorgegangene dunkel gefärbte organische Substanz der obersten Schicht des Erdbodens. Humus besitzt viele günstige Eigenschaften zur Erhöhung der Bodenfruchtbarkeit (Stickstoffkreislauf).

Immission:
Einwirken von luftfremden Substanzen auf ein Ökosystem oder auf einen Organismus. Die Immissionen führen zu einer Belastung, die bei Überschreiten bestimmter Schwellenwerte zu Störungen und schließlich zu Dauerschäden oder völliger Zerstörung führen können.

Insektizid:
Chemisches Pflanzenschutzmittel zur Abtötung pflanzenschädlicher Insekten.

Jungwuchs:
Bestand von der Begründung bis zum Eintritt des Bestandesschlusses.

Kernwuchs:
Aus Samen erwachsene Forstpflanzen.

Klenge, Darre:
Betrieb zur Gewinnung forstlicher Samen durch Trocknen der Zapfen.

Klon:
Eine Gruppe von Individuen einer gemeinsamen Ausgangspflanze, die durch vegetative Vermehrung (z. B. Stecklingsvermehrung) entstanden sind und daher genetisch ident sind (z. B. Pappelnachzucht).

Krananhänger mit Pendelachse und Knickdeichsel:
Traktoranhänger mit Rungen und Hydraulikkran, der das Aufladen und den Transport von vorgerücktem Holz ermöglicht.

Kultur:
Fläche, auf der Forstpflanzen durch Saat oder Pflanzung angebaut wurden.

Künstliche Verjüngung:
Begründung eines Bestandes durch Saat oder Pflanzung.

Kurzumtriebsflächen:
Kurzumtriebsflächen mit Umtriebszeiten von maximal 30 Jahren gelten nicht als Wald, wenn die Fläche vorher nicht Wald war und eine Meldung an die Forstbehörde innerhalb von 10 Jahren erfolgt ist.

Lichtbaumart:
Baumart mit relativ großer Lichtbedürftigkeit und geringem Schattenerträgnis (Birke, Eiche ...).

Lohden:
Laubholzpflanze bis 1,5 m Höhe.

Mast:
Das Fruchttragen der Waldbäume.

Mischbestand:
Bestand aus zwei oder mehr Baumarten. Die Baumarten können einzeln, gruppen- oder horstweise miteinander gemischt sein.

Mittelwald:
Zwischenform zwischen Niederwald und Hochwald. Früher lokal weit verbreitet (Weinviertel).

Mykorrhiza:
Symbiose von Pilzen mit den Wurzeln der Waldbäume; ermöglicht ein besseres Wachstum.

Nachbesserung:
Auspflanzung von Fehlstellen in der Kultur oder in der Naturverjüngung.

Nachhaltigkeit:
Streben nach Dauer und Stetigkeit der Holzproduktion, der Gelderträge und der Wirkungen des Waldes.

Naturnahe Waldbewirtschaftung:
Begründung, Pflege und Ernte der Bestände erfolgen in einer Weise, die den natürlichen Verhältnissen des betreffenden Standorts möglichst nahekommt.

Naturverjüngung:
Begründung eines Bestandes durch Selbstansamung oder vegetative Vermehrung von einem Altbestand aus.

Nest:
Kleinste waldbauliche Einheit bei Aufforstung und Pflege; bis max. 2 m^2 Fläche, meist kreisförmig, sehr enger Verband bis 50 cm Pflanzabstand

Niederwald:
Ein aus Stockausschlag oder Wurzelbrut hervorgegangener Wald mit kurzer Umtriebszeit; angewendet bei Eiche, Hainbuche, Linde, Erle, Weide ...

Objektschutzwald:
Wälder, die der Abwehr bestimmter Gefahren von Menschen, Siedlungen und Anlagen dienen.

PEFC:
Program for the Endorsement of Forest Certification Schemes (Programm zur Anerkennung von Forstzertifizierungssystemen).

Pestizid:
Sammelbegriff für chemische Pflanzenschutzmittel.

Fotosynthese:
Erzeugung von Kohlehydraten aus Kohlendioxid und Wasser durch Chlorophyll unter Nutzung des Lichts als Energiequelle und bei Abgabe von Sauerstoff.

Pionierbaumart:
Baumart innerhalb einer Waldgesellschaft, die befähigt ist, bei natürlichen Katastrophen auf Freiflächen unter ungünstigen Boden- und Lokalklimabedingungen einen Vorwald aufzubauen.

Plenterwald:
Meist naturnahe gemischte Dauerbestockungsform des Hochwalds. Auf kleinster Fläche befindet sich Ober-, Mittel- und Unterstand(-schicht) mit Unterschieden hinsichtlich Höhe, Durchmesser und Alter.

Protz:
Schlecht geformter Vorwuchs in der Dickungsphase, der durch schädlichen Sperrwuchs die gute Umgebung beeinträchtigt.

Prozessor:
Gerät zur teilmechanisierten Holzernte; Entastung, Ausformung und Sortierung möglich.

Raummeter (rm):
Das Volumen in Außenmaßen von aufgeschichtetem Holz (Zwischenräume werden mitgerechnet), z. B. Faser-, Schleif-, Brennholz; 1 rm = ca. 0,7 fm.

Rindenbrand:
Plätzeweises Absterben und Ablösen der Rinde und des Kambiums durch Sonneneinwirkung (Überhitzung) bei plötzlich frei gestellten, dünnrindigen Bäumen (Buche, Fichte).

Rodung:
Laut Forstgesetz eine Kulturumwandlung, also die Verwendung von Waldboden zu anderen Zwecken als die Waldkultur (Sendemast, Wiese, Acker, Bauland); Christbaumkulturen sind erlaubt. Allgemeiner Sprachgebrauch: Entfernen von Baumwurzeln und Stöcken aus dem Waldboden.

Rotfäule:
Bedeutendster Schadpilz der Fichte; ist oft durch die Flaschenform des unteren Stammstücks und Harzausfluss erkennbar.

Rotkern:
Natürliche, holzentwertende Altersverkernung der Buche.

Rückegasse:
Traktorbefahrbare Fahrgasse im Bestand; der natürliche Waldboden wird als Fahrbahn verwendet.

Rückeweg:
Ergänzt das Forststraßennetz; mit geringem Aufwand hergestellte Erdwege (verbesserte Rückegassen).

Rückewagen:
Rückewinde mit Rädern. Bei Lastfahrt kein Aufbäumen des Schleppers.

Saat:
Ausbringung des forstlichen Saatguts im Pflanzgarten oder im Freiland.

Saum:
Streifen am Rande eines Altbestandes.

Schirm:
Das Kronendach von Bäumen, die zum Schutz der darunter befindlichen Vegetation belassen oder angepflanzt werden.

Schlankheitsgrad, H/D-Wert:
Bestandeskennwert besonders in Nadelholzbeständen; er gibt Auskunft über den Pflegezustand und die Bestandessicherheit gegen Wind und Schnee (H/D = Baumhöhe dividiert durch Brusthöhendurchmesser).

Schutzwald:
Nicht (oder nicht allein) der Holzproduktion, sondern überwiegend den Schutz- und Wohlfahrtswirkungen dienender Wald.

Spannrückigkeit:
Typische Stammform der Hainbuche mit wulstförmigen Ausbuchtungen.

Spranz:
Abschrägung am Blochende, erleichtert die Bringung.

Stangenholz:
Bestand vom Beginn der Astreinigung bis zum Erreichen einer mittleren Stammstärke von 20 cm BHD.

Steckling:
15–25 cm lange Stücke (10–15 mm ∅) von einjährigen, gut verholzten, geraden Ruten (z. B. für die Pappel- oder Weidennachzucht).

Stockausschlag:
Der nach der Schlägerung der Bäume aus dem verbleibenden Stockholz ausschlagende Trieb. Stockausschläge können bei geeigneten Baumarten, z. B. Eiche, zur Verjüngung des Bestandes verwendet werden.

Streu:
Das organische Material des Bestandesabfalls auf der Bodenoberfläche (Blätter, Nadeln, Reisig ...).

Terminaltrieb:
Haupttrieb eines Baums. Er trägt die für den Höhenzuwachs entscheidende Endknospe.

Trauf:
Sturmfester, tief beasteter, standfester Bestandesmantel mit abholzigen Bäumen und Sträuchern.

Überhälter:
Einzelne, auf einem Kahlschlag stehen bleibende Samenbäume, die zur natürlichen Verjüngung beitragen sollen.

Umtriebszeit:
Zeitspanne von der Begründung eines Bestandes bis zur Endnutzung durch Räumung der Fläche.

Unterbau:
Anzucht einer zweiten Bestandesschicht unter einem älteren Bestand zur Boden- und Stammpflege.

Urwald:
Naturwald mit natürlichem Bestandesaufbau (ohne jeden menschlichen Einfluss in Vergangenheit und Gegenwart).

Usancen:
Handelsgebräuche, können als rechtsverbindlich vereinbart werden (z. B. ÖHU – Österreichische Holzhandelsusancen).

Vitalität:
Der durch Gesundheit und Wüchsigkeit eines Baums gekennzeichnete Zustand.

Verjüngung:
Auf künstlichem oder natürlichem Weg wiederbegründeter Bestand im jugendlichen Alter.

Verpflanzungsschock:
Wuchsstockung von auf Freiflächen verpflanzten Forstpflanzen, die einige Jahre andauern kann (durch Wurzelverluste, Austrocknung der Wurzeln). Vermeidung durch Wurzelschutz, Ballenpflanzung.

Verschulung:
Versetzen von Pflanzen aus dem engen Stand des Saatbeets in den weiteren Verband des Verschulbeets.

Voranbau, Vorbau:
Künstliche Einbringung (Vorausverjüngung) von Baumarten, die einen Alters- und Wachstumsvorsprung benötigen, in einen Altbestand vor dessen allgemeiner Verjüngung (z. B. Tannen- oder Buchenvoranbau).

Vornutzung:
Jede Holznutzung, die nicht zur Endnutzung zählt (z. B.: Durchforstung).

Vorrat, Holzvorrat:
Das auf der Waldfläche aufstockende Holzvolumen, aus dem sich die Produktion (Holzzuwachs) ergibt.

Vorwuchs:
Ein durch seine größere Höhe von den übrigen Bestandesmitgliedern sich abhebender Baum.

Waldgrenze:
Durch das Klima vorgegebene Grenze, oberhalb der sich die Auflösung des Waldes in Baumgruppen und Einzelbäume vollzieht.

Wasserreiser:
Zweige, die aus schlafenden Knospen am Stamm entstehen.

Wasserspule:
Leitet Oberflächenwasser von der Fahrbahn ab. Verwendete Materialien: Holz, Stahl, Beton.

Wertholz:
Holz ab 30 cm MDM von überdurchschnittlicher Güte (A-Qualität, Schäl- und Messerfurnier).

Wirtschaftswald:
Wald, der durch Verjüngung mit standorttauglichen Baumarten und durch Pflege des Bestandesaufbaus der Erreichung eines oder mehrerer Wirtschaftsziele dient und regelmäßig bewirtschaftet wird.

Wirtschaftsziel:
Ziel, das durch die Bewirtschaftung erreicht werden soll. Man unterscheidet:

- **Produktionsziele:** (Holz und Nebenprodukte, Jagd, Fischerei, Infrastruktur).
- **Monetäre Ziele:** (Reinertrag, Kostendeckung, Wertschöpfung).
- **Sicherheitsziele:** (Reservenbildung, Stabilität, Waldaufbau, Flexibilität).

Zopf:
Oberster Stammteil im Kronenbereich.

Zopfdurchmesser:
Durchmesser am schwächeren Ende eines Rundholzsortiments.

Zuwachs, Holzzuwachs:
Wachstum des Baums bzw. des Bestandes (Zunahme an Rauminhalt, Gewicht oder Baumsubstanz).

Fachwörterbuch Deutsch-Englisch

abholzen: log
Abholzigkeit: taper
Ahorn: maple
Akkordarbeit: piece work
Altbestand: standing timber
Altersklasse: age class
Anflug: natural regeneration, recruitment
Anhieb: initial felling
Arbeitstechnik: workmanship
Ast: bough, branch
Astreinigung: self pruning
aufforsten: afforest, restock
Augenschutz: visor
Auslesedurchforstung: selective thinning
Auwald: swamp forest
Axt: axe, hatchet
Baum: tree
Baumgrenze: timber line, tree line
Baumpflanze: sapling
Baumschule: nursery
Baumstumpf: stump
Benzinkanister: petrol canister
Bestand: stand
Biotop: biotope
Birke: birch
Blatt: leaf
Bonität: site quality
Borke: outer bark
Borkenkäfer: bark beatle
Bruchleiste: breaking strip
Dickung: thicket
Douglasie: douglasia
Drehwuchs: spiral growth
Durchforstung: thinning
Durchmesser: diameter
Eberesche: mountain ash, rowan tree
Edelkastanie: sweet chestnut
Edeltanne: silver fir
Eibe: yew
Eiche: oak
einschlagen: heel in
Endknospe: terminal bud
Entastung: knotting (AE), limbing (AE), snedding, trimming
entrinden: bark
entwurzeln: uproot
Erle: alder
Ersatzteil: spare part
Erste-Hilfe-Kasten: first aid set
Ertragsklasse: yield class
Esche: ash
Espe: aspen
Fallkerb: notch, sink (AE), undercut
Fällhebel: peavy
Fällkeil: felling wedge
Fällschnitt: back cut
Fällung: felling
Feile: file
Femelschlag: group felling
Festmeter: solid cubic metre
Fichte: spruce
Förster: forest ranger (AE), forester
Forstgesetz: forestry law
Forstschlepper: haul skidder
Freischneider: free cutting saw
Fruchtbarkeit: fertility
Gashebel: accelerator handle
Gashebelsperre: accelerator lock
Gehörschutz: ear protectors
Hacke: axe
Haftöl: viscous oil, viscid oil
Haken: hook
Handschutz: finger guard
Harz: resin, rosin
Heckschild: rear blade
Heppe: billhook
Herkunft: provenance
Hirsch: deer
Holz: timber, wood
Holzabfuhrweg: wood haulage way
Horst: large group
immergrün: evergreen
Jagd: hunting
Jäger: hunter
Jahresring: annual ring
Jungwuchs: regeneration
Jungwuchspflege: tending a regeneration, weeding
Kahlschlag: clear cutting, clear felling, clearing
Kalkesche: limestone ash
Kernholz: heartwood
Kette: chain
Kettenbremse: safety brake
Kettenöl: chain oil
Knicklenkung: Ackermann steering system
Krone: crown
Kultur: culture
Ladekran: loading crane
Lärche: larch
Latsche: dwarf pine
Laubbaum: deciduous tree
Lebensbaum: arba vitae
Lichtbaumart: light demander
Linde: lime, linden
Lochpflanzung: pit planting
Lücke: blank
Maßband: measuring tape
Mast: mast
Membranvergaser: membrane carburettor
Messkluppe: tree calliper
Mischungsregelung: regulation of mixture
Mispel: medlor
Mittelwald: middle forest
Möselaxt: riving hammer, splitting hammer

Motorsäge: motor saw (AE), power saw

Nachbesserung: beating up

Nadel: needle

Nadelbaum: coniferous tree

naturnah: naturalistic

Naturverjüngung: natural regeneration

nummerieren: numbering

Nussbaum: nut tree

Ökosystem: ecosystem

Pappel: poplar

Pfahl: post, stake

Pflanzung: plantation

Pionierbaumart: pioneer specia

Platane: plane tree

Plenterwald: selection forest

Raummeter: stacked cubic metre

Reh: roe

Rinde: bark

Robinie: false acacia, locust tree, robinia

Rodung: grubbing

Rotbuche: beech, copper beech

Rückegasse: extraction line, forest track

Rückschlag: kick back

Rückung: extraction, logging

Rüsselkäfer: probiscis beatle

Saatkultur: seedlings

Sägeschiene: saw guide

Salweide: sallow

Sappel: lifting hook, sapine

Schäleisen: bark spud (AE), barking iron

Schirmschlag: shelter wood cutting

schlägern: cut

Schlägerung: cutting

Schneide: edge

Schneise: ride

Schraubenzieher: screw driver

Schutzausrüstung: protective equipment, protective outfit

Schutzhelm: protective helmet, safety helmet

Schutzkleidung: protective clothing

Schutzwald: barrier woodland

Schwachholz: small timber

Seilkran: forest cable crane

Seiltrommel: cable drum

Seilwinde: cable winch

Sicherheitsverdeck: crush proof safety bonnet

Silberpappel: white poplar

Spaltaxt: riving hammer

Splintholz: sap wood

Spross: shoot

Stahlseil: steel cable

Stamm: bole (AE), stem, strunk, trunk

Standort: habitat, site

Stengel: stalk

Stiel: handle

Strauch: bush, shrub

Streu: litter

Tanne: fir

Ulme: elm

Umtrieb: rotation

Unterholz: underwood, undergrowth, brushwood, brush (AE)

Urwald: virgin forest

Verjüngung, künstliche: artificial regeneration

Verschulung: lining out, transplanting

Vorwald: pioneer crop

Wacholder: juniper

Wachstum: growth

Waldameise: red ant

Waldarbeiter: forestry worker, forester, lumberjack, woodman

Waldarbeitsgürtel: working belt

Waldboden: forest ground, forest soil

Waldgrenze: forest line

Waldpflege: forest tending

Waldrand: forest edge

Waldweide: forest pasture

Waldwirtschaft: forest culture, forestry

Warntafel: warning sign

Wartung: maintenance

Weide: willow

Weißbuche: hornbeam

Weißkiefer: pine

Wendehaken: cant hook

Weymouthkiefer: weymouth pine

Wild: game

Wildbestand: game stock

Wildschaden: game damage, damage caused by game

Wildschutzzaun: game protective fence

Wildverbiss: browse

Winkelpflanzung: angle notch planting

Wipfel: top

Wurzel: root

Zapfen: cone

Zeder: cedar

Zirbe: cembra pine

Zopf: tip, top, tree top

Zukunftsbaum: crop tree

Zuwachs: increment

Zweig: twig

Zwiesel: fork

Wissen ums Holz

Fichte

Föhre

Lärche

Tanne

Douglasie

Arve

Buche

Eiche

Esche

Weißbuche

Ahorn

Birke

Birnbaum

Edelkastanie

Kirschbaum

Linde

Nussbaum

Pappel

Ulme

Quellen- und Bildnachweis

a) Bücher und Broschüren

Amschl, B.: Österreichs Wald, Bundesministerium für Land- und Forstwirtschaft, Wien 1985

Autorengemeinschaft „Österreichs Wald": Österreichs Wald – Vom Urwald zur Waldwirtschaft, Österr. Forstverein, Wien 1994

Brosinger, F.: Borkenkäfer an Nadelbäumen, 2. Auflage, Bayerisches Staatsministerium für Ernährung, Landwirtschaft und Forsten

E. Hönigsberger, P. Lambeck, G. Waach: Fachwörterbuch Englisch, Agrarverlag, 1997

Eckmüllner, O. jun.: Neuartige Waldschäden, FPP, Wien 1988

Formschnitt und Astung LLWK

Grandjot, W.: Waldwirtschaft, BLV Verlagsgesellschaft München, 3. Auflage 1984

Greisenegger, J., Farasin, K., Pitter, K.: Umweltspürnasen, Aktivbuch Wald, ORAC Verlag, Wien 1987

Hufnagl, H. u. Puzyr, H.: Grundbegriffe des Forstschutzes, Verlag Fromme & Co., Wien

Hufnagel, H.: Der Waldtyp, Innviertler Preßverein, Ried 1970

Jonas, A., Görtler, F.: Holz und Energie, 4. Auflage, Niederösterreichische Landes-Landwirtschaftskammer, Wien 1988

Krissl, W. u. Müller. F.: Begründung von Mischbeständen, FBVA, Wien 1990

Kuen, H.: Ökologie – Lehre vom Naturhaushalt, Landesforstinspektion Tirol

Leibundgut, H.: Der Wald, Verlag Huber, Frauenfeld und Stuttgart 1983

Marschall: Hilfstafeln für die Forsteinrichtung, Österreichischer Forstverein, Wien 1975

Mayer, H.: Wälder Europas, Gustav-Fischer-Verlag, Stuttgart 1984

Mayer, H.: Waldbau, 3. Auflage, Gustav-Fischer-Verlag, Stuttgart 1984

Mayer, H.: Waldverwüstende Immissionsschäden in Österreich, Österreichischer Agrarverlag, Wien 1985

Mitterböck, F.: Waldsterben – Argumente zur Diskussion, Österreichischer Forstverein, Wien

Nossek, F., Jonas, A., Schörghuber, J.: Holz heizen – Ein Energieschwerpunkt des Landes Niederösterreich, Amt der Niederösterreichischen Landesregierung, Wien

Österreichs Land-, Forst- und Wasserwirtschaft 1998

Pro Holz, Holzinformation Österreich

Sandler, J.: Holz richtig ausgeformt – hoher Erlös, 5., erw. Auflage, NÖ. LLWK, 1994

Schimitschek, E.: Die Bestimmung von Insektenschäden im Walde. Paul-Parey-Verlag, Hamburg 1955

Schütt, P.: So stirbt der Wald, BLV Verlagsgesellschaft, München 1986

Schwerdtfeger, F.: Waldkrankheiten, Paul-Parey-Verlag, Hamburg 1981

Siewniak, M.: Baumpflege heute, Patzer-Verlag, Berlin/Hannover 1984

Strenn, L.: Ich mache einen Waldarbeitsplan, Heft 23, Bundesministerium für Land- und Forstwirtschaft, Wien

Sozialversicherungsanstalt der Bauern

Unterbrunner, U., u. a.: Waldsterben, Schriftenreihe des Bundesministeriums für Gesundheit und Umweltschutz, Band 12, Wien 1984

Wachsenegger, G., Krapfenbauer, A.: Holz, Emission, Energie, Wien 1987

Wegmann, E.: Wald und Waldbewirtschaftung, 5. Auflage, Verlag Landwirtschaftliche Lehrmittelzentrale Zollikorn, 1980

Weinfurter, P.: Durchforstung! Warum? Wie? FPP, Wien 1981

Wohanka/Stürzenbecher: Forstgesetz 1975, Österreichischer Bundesverlag, Wien

b) Sonstige Informationsschriften

Amt der Steiermärkischen Landesregierung, Fachabteilung für das Forstwesen, Dateien und Zahlen 2005, Lebensministerium

Diverse Schriften und Broschüren der Sozialversicherungsanstalt der Bauern

Eder, Karl: Naturerlebnisweg Steinerne Mühl/Haslach, 1991

Energie aus Holz, NÖ Landes-LW

Forstliches Schreibheft 1, Unsere Waldbäume, 3. Auflage, Forstabteilung der Landwirtschaftskammer für Steiermark

Holzernte in der Durchforstung – Geräte – Verfahren – Kosten, FPP, Wien 1983

Lernbehelf zur Forstfacharbeiterprüfung, Niederösterreichische Landes-Landwirtschaftskammer, Wien

Wald erleben, Wald verstehen, Schweizerisches Zentrum für Umwelterzic hung, Zürich

Forstliche Förderung, NÖ Landes-LWK

Forstliches Merkblatt, Reihe Forstschutz, Bundesministerium für Land- und Forstwirtschaft, Wien

Pädagogisches Zentrum des Landes Rheinland-Pfalz

Pflege von forstlichen Jungbeständen, AID, Bonn, 1986

Überwachung und Bekämpfung von Borkenkäfern der Nadelbaumarten, AID, Bonn 1984

Sicher arbeiten, Merkblatt 11001, Schweizerische Unfallversicherungsanstalt, Luzern

Die Motorsäge, Schwedisches Zentralamt für Forstwirtschaft

Arbeitsunterlagen Firma Stihl & Co., Wien

Arbeitssicherheit aktuell – Waldarbeit, Bundesverband der Landwirtschaftlichen Berufsgenossenschaften, 1985

Bericht über die Lage der österreichischen Forstwirtschaft 1981–1985, Bundesministerium für Land- und Forstwirtschaft, Wien

Klaffenböck, Josef: Moderne Baumpflege – Einführungskurs; LFS Edelhof 1994

Durchforstungsbroschüre, FPP 1995

Holzernte in der Durchforstung, Seilgelände Teil 4, FPP 1988

Informationen des Fachverbands der Sägeindustrie Österreichs

Zahlen und Fakten, FPP homepage www.fpp.at/fpp/

Adressen

Bundesministerium für Land- und Forstwirtschaft, Sektion V (Forstwesen),
1020 Wien, Ferdinandstraße 4
Tel.: 01 21323-0
http://www.bmlf.gv.at

Amt der NÖ Landesregierung
Abteilung LW Schulwesen
LF2 und LAKO
3430 Tulln, Frauentorgasse 72–74
http://www.lako.at

Forstliche Bundesversuchsanstalt
1131 Wien, Seckendorff-Gudent-Weg 8
Tel.: 01 87838-0
http://www.fbva.bmlf.at

Landwirtschaftskammern

Präsidentenkonferenz der Landwirtschaftskammern
1014 Wien, Löwelstraße 12
Tel.: 01 53441-0, Fax: 01 53441-328
E-Mail: office@pklwk.at

Burgenländische Landwirtschaftskammer
7001 Eisenstadt, Esterhazystraße 15
Tel.: 02682 702-0
Fax: 02682 702-90
E-Mail: office@lk-bgld.at

Kammer für Land- und Forstwirtschaft in Kärnten, Forstreferat
A-9010 Klagenfurt, Museumstraße 5
Tel.: 0463 58500-0
Fax: 0463 58500-251
E-Mail: office@lk-kaernten.at
http://www.lk-kaernten.or.at

Landwirtschaftskammer für Niederösterreich
3100 St. Pölten, Wiener Straße 32
Tel.: 02742 259-4001
E-Mail: office@lk-noe.at

Landwirtschaftskammer für Oberösterreich, Abteilung für Forst- und Holzwirtschaft
4021 Linz, Auf der Gugl 3
Tel.: 0732 6902-0, Fax: 0732 6902-48
E-Mail: office@lk-ooe.at

Kammer für Land- und Forstwirtschaft in Salzburg, Forstabteilung
5024 Salzburg, Schwarzstraße 19
Tel.: 0662 870571-0
Fax: 0662 870571-11
E-Mail: office@lk-salzburg.at

Landeskammer für Land- und Forstwirtschaft in der Steiermark, Forstabteilung
8010 Graz, Hamerlinggasse 3
Tel.: 0316 8050-0, Fax: 0316 8050-513
E-Mail: office@lk-stmk.at

Landes-Landwirtschaftskammer für Tirol
6021 Innsbruck, Brixner Straße 1
Tel.: 0512 5929-0
Fax: 0512 5929-275
E-Mail: office@lk-tirol.at

Landwirtschaftskammer für Vorarlberg
6900 Bregenz, Montfortstraße 9–11
Tel.: 05574 42044-0
Fax: 05574 47107
E-Mail: office@lk-vbg.at

Landwirtschaftskammer für Wien
1060 Wien, Gumpendorfer Straße 15
Tel.: 01 5879528-0
Fax: 01 5879528-21
E-Mail: office@lk-wien.at

Landesforstinspektionen

Amt der Burgenländischen Landesregierung, Landesforstinspektion, Landhaus
7000 Eisenstadt
Tel.: 02682 600-0

Amt der NÖ. Landesregierung
Landesforstdirektion
3109 St. Pölten
Landhausplatz 1, Haus 12/4
Tel.: 02742 200-0

Amt der Kärntner Landesregierung
Landesforstdirektion
9021 Klagenfurt, Bahnhofsplatz 5
Tel.: 0463 53645001-0

Amt der Oberösterreichischen Landesregierung, Landesforstinspektion
4020 Linz, Anzengruberstraße 21
Tel.: 0732 7720

Amt der Salzburger Landesregierung
Landesforstdirektion
5026 Salzburg, Aignerstraße 85
Tel.: 0662 8042-0

Amt der Steiermärkischen Landesregierung, Landesforstinspektion
8020 Graz, Brückenkopfgasse 6
Tel.: 0316 8774527-0

Amt der Tiroler Landesregierung
Landesforstdirektion
6010 Innsbruck, Bürgerstraße 36
Tel.: 0512 8774527-0

Amt der Vorarlberger Landesregierung
Landesforstinspektion
6901 Bregenz, Landhaus
Tel.: 05574 511-2520

Magistratsabteilung 49 der Stadt Wien
Landesforstinspektion
1061 Wien, Volksgartenstraße 3
Tel.: 01 4000-979

Universität für Bodenkultur
Fachgruppe Forstwirtschaft
1180 Wien, Gregor-Mendel-Straße 33
Tel.: 01 47654-0
http://www.bmlf.gv.at

Hauptverband der Land- und Forstwirtschaftsbetriebe Österreichs
1010 Wien, Schauflergasse 6/V
Tel.: 01 5330227-0, Fax: 01 5332104
E-Mail: land+forst@magnet.at

Bundeswaldbauernverband
1014 Wien, Löwelstraße 12
Tel.: 01 53441, Fax: 01 53441-328

Österreichischer Forstverein
1030 Wien, Marxergasse 2
Tel.: 01 53441-529
Fax: 01 53441-466
Postadresse: Präsidentenkonferenz der Landeswirtschaftskammer Österreichs
1014 Wien, Löwelstraße 12

Arbeitsgemeinschaft der österreichischen Holzwirtschaft,
PROHOLZ-Holzinformation,
1011 Wien, Postfach 156, Uraniastraße 4
Tel.: 01 7120474-31
Fax: 01 7131018
E-Mail: info@proholz.at
http://www.proholz.at

Kooperationsabkommen Forst-Platte-Papier (FPP)
1061 Wien, Gumpendorfer Straße 6
Tel.: 01 58886-292
Fax: 01 58886-222
E-Mail: info@fpp.at
http://www.fpp.at

Österreichische Bundesforste AG
3002 Purkersdorf, Pummergasse 10–12
E-Mail: bundesforste@bundesforste.at

Österreichisches Kuratorium für Landtechnik und Landentwicklung
1040 Wien, Gußhausstraße 6
Tel.: 01 5051891
Fax: 01 5051891-16
E-Mail: office@oekl.at
http://www.oekl.at

Kuratorium „Rettet den Wald"
1080 Wien, Alser Straße 37/16
Tel.: 01 4065938
Fax: 01 4065938-19
E-Mail: kuratorium@rettet-den-wald.or.at
http://www.wald.or.at

Sozialversicherungsanstalt der Bauern
1031 Wien, Ghegastraße 1
Tel.: 01 79706-2201
Fax: 01 79706-2200
E-Mail: info@svb.sozvers.at
http://www.svb.at

Ländliches Fortbildungsinstitut (LFI)
1014 Wien, Löwelstraße 12
Tel.: 01 53441-360
Fax: 01 53441-367
E-Mail: pkfoerd@pklwk.at

Österreichische Landjugend
1014 Wien, Löwelstraße 12
Tel.: 01 53441-360
Fax: 01 53441-328
E-Mail: pkfoerd@pklwk.at
http://www.landjugend.or.at